土木建筑大类专业系列新形态教材

建筑工程基础与应用

陈　党■主　编

清華大学出版社
北　京

内 容 简 介

本书分为认识建筑物、了解民用建筑材料、识读建筑施工图、认知民用建筑构造、房屋使用过程中常见质量问题的识别与处理共5个学习情景。全书依据国家相关标准规范，结合高职高专学生的学习规律和特点，以适应职业岗位需要为宗旨，来编写教材的基本内容。本书力求做到体系完整，内容实用、简练、难易适中，注重学生实践能力与职业素养的培养。

本书既可作为高职高专建筑工程管理、工程造价等土建施工类专业和房地产经营与管理、现代物业管理等相关专业的教材，也可作为建筑施工单位、房地产企业、物业服务企业等相关工作人员的培训用书。

图书在版编目（CIP）数据

建筑工程基础与应用 / 陈党主编. --北京：清华大学出版社，2024.9. --（土木建筑大类专业系列新形态教材）. --ISBN 978-7-302-67120-6

Ⅰ. TU

中国国家版本馆 CIP 数据核字第 2024W1D513 号

责任编辑：杜　晓　鲜岱洲
封面设计：曹　来
责任校对：袁　芳
责任印制：丛怀宇

出版发行：清华大学出版社
网　　址：https://www.tup.com.cn，https://www.wqxuetang.com
地　　址：北京清华大学学研大厦A座　　**邮　　编**：100084
社 总 机：010-83470000　　**邮　　购**：010-62786544
投稿与读者服务：010-62776969，c-service@tup.tsinghua.edu.cn
质量反馈：010-62772015，zhiliang@tup.tsinghua.edu.cn
课件下载：https://www.tup.com.cn，010-83470410
印 装 者：三河市铭诚印务有限公司
经　　销：全国新华书店
开　　本：185mm×260mm　　**印　　张**：10.25　　**字　　数**：229千字
版　　次：2024年9月第1版　　**印　　次**：2024年9月第1次印刷
定　　价：49.00元

产品编号：107142-01

前 言

本书根据高职高专教育人才培养目标，以建筑行业新规范、新标准为依据，结合当前建筑行业方面的新技术、新材料、新工艺编制而成。

本书分为5个学习情景，包括认识建筑物、了解民用建筑材料、识读建筑施工图、认知民用建筑构造、房屋使用过程中常见质量问题的识别与处理。全书从学习者的实际需求出发，在编写中力求做到工学结合、理实一体，注重学习者的实践能力培养，突出知识的针对性和实用性，不仅适合高职高专建筑工程管理、工程造价等土建施工类专业和房地产经营与管理、现代物业管理等相关专业使用，也适合建筑施工单位、房地产企业、物业服务企业等相关工作人员的培训使用。本书的每个学习情景包括思维导图、学习情景描述、学习目标、案例引入、理论知识、实操任务、思考练习等内容，并以二维码的形式提供了拓展知识。

本书得到江苏省高职院校教师专业带头人高端研修项目(2023GRFX014)与江苏城乡建设职业学院重点教材建设项目资助。本书由江苏城乡建设职业学院陈党主编，由江苏城乡建设职业学院彭后生、江苏天天欣业物业服务有限公司陈琪主审，两位主审从实践应用的角度对本书提出了修改完善的具体意见。本书在编写过程中得到了江苏城乡建设职业学院领导和老师的大力支持。

本书还参考和借鉴了许多同类教材和专业书籍及图片资料、国家现行的相关规范和标准，以及参考了网络上典型的案例，在此一并致以深切的谢意。由于编者水平有限，本书不足之处在所难免，诚恳希望读者批评、指正。

编 者

2024年3月

目 录

学习情景1 认识建筑物

思维导图

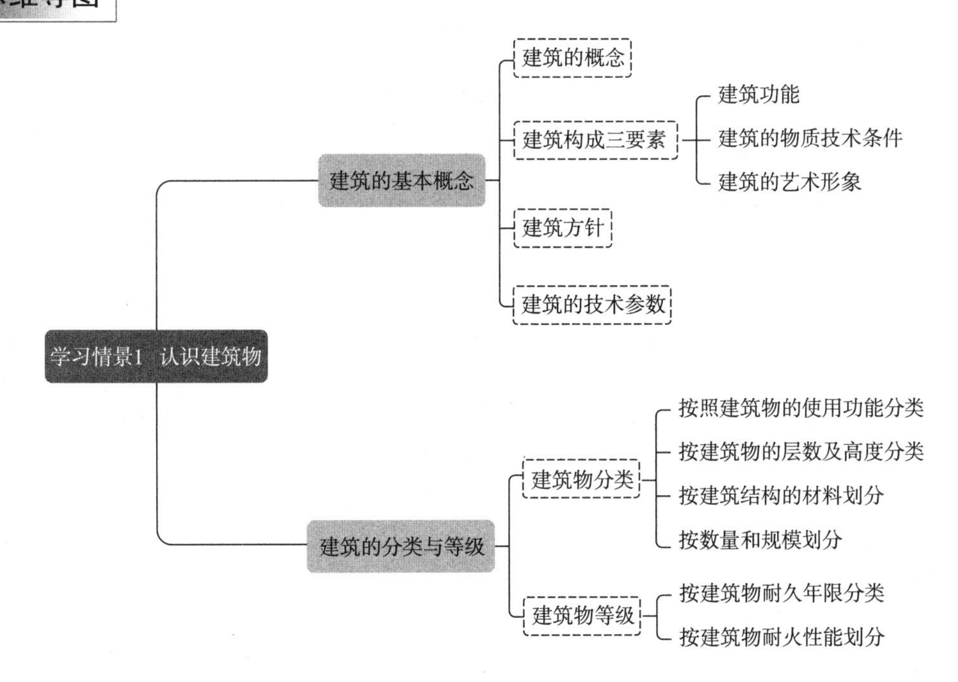

学习情景描述

作为物业管理人员，要想准确把握服务对象、服务内容的要求，做好物业管理工作，应该对建筑物有一定的认知。通过此情景学习，学习者可以了解建筑物的基本概念，知道建筑物的分类与等级划分，能从多角度对建筑物进行描述。

学习目标

1. 熟悉建筑物的基本概念；
2. 能对建筑物进行正确分类；
3. 能说出不同等级建筑物的特点。

案例引入

扫描二维码，阅读案例“探秘著名的古建筑保护者——梁思成、林徽因”。思考回答以下问题。

1. 这个案例对你有什么启发？从梁思成、林徽因建筑师身上，你学到了什么？

2. 我国古建筑中最让你引以为豪的建筑是哪一个？为什么？

案例1
探秘著名的古建筑
保护者——梁思成、林徽因

拓展知识1
《民用建筑设计
统一标准》
(GB 50352—2019)

拓展知识2
《建筑设计防火规范》
(GB 50016—2014)
(2018年版)

任务1.1 建筑的基本概念

1.1.1 建筑的概念

建筑是建筑物和构筑物的通称。具体地说，供人们进行生产、生活和其他活动的房屋或场所称为建筑物，如住宅、医院、学校、商店等；人们不能直接在其内进行生产、生活的建筑称为构筑物，如水塔、烟囱、桥梁、堤坝、纪念碑等。无论是建筑物还是构筑物，都是为了满足一定功能，运用一定的物质材料和技术手段，依据科学规律和美学原则而建造的相对稳定的人造空间。本书所涉及的建筑主要是建筑物。

1.1.2 建筑构成三要素

建筑构成的三要素是建筑功能、建筑的物质技术条件和建筑的艺术形象。

1. 建筑功能

建筑功能是建造房屋的主要目的之一，是建筑物在生产和生活中的具体使用要求。在人类社会，建筑功能除了满足人的物质生活要求外，还有社会生活和精神生活方面的功能要求。建筑功能要求是随着社会和生活的发展而发展的，从古时候简单的巢居到现在越来越智能环保的现代化建筑，从落后的工作坊到先进的自动化工厂，建筑功能越来越复杂多样，人们对建筑功能的要求也越来越高。建筑功能是决定建筑物性质、类型和特点的主要要素。

2. 建筑的物质技术条件

建筑是由不同的建筑材料和相关设备构成的，不同的建筑材料和结构方案又构成了不同的建筑结构形式。把建筑设计变成建筑实物还需要建筑材料、施工技术和人力资源的保证，所以物质技术条件是构成建筑的重要因素。随着科学技术的发展，各种新材料、新技术、新设备的出现和新施工工艺的提高，新的建筑形式不断涌现，更加满足了人们对不同建筑功能的要求。

3. 建筑的艺术形象

建筑的艺术形象是体现建筑艺术价值的重要组成部分，是根据建筑的功能和艺术审美要求，并考虑民族传统和自然环境条件，通过建筑技术的建造，构成一定的建筑形象。建筑形象并不单纯是一个美观问题，它还常常反映社会和时代的特征，表现出特定时代的生产水平、文化传统、民族风格和社会精神面貌；表现出建筑物一定的性格和内容。

以上3个构成要素中，建筑功能是主导要素，它对建筑的物质技术条件和建筑形象起决定作用；物质技术条件是实现建筑功能的手段，它对建筑功能起制约或促进的作用；建筑形象则是建筑功能、建筑的物质技术条件和建筑艺术的综合体现。

1.1.3 建筑方针

国家发改委印发的《2021年新型城镇化和城乡融合发展重点任务》，提出的新时期建筑方针是“适用、经济、绿色、美观”，旨在突出建筑使用功能，防止片面追求建筑外观形象。“适用”就是要符合客观条件的要求，满足建筑的使用功能。建筑的首要功能是为了应用。“经济”就是要遵循建筑的内在规律，考虑建筑全生命周期的成本和效益。一个好的建筑设计，要体现节约高效，处理好成本和效益的关系。必须力戒不计成本、无视效益的“烧钱”建筑。“绿色”就是要按照生态文明建设的要求，倡导低碳环保节能，在建筑材料、施工方式和运行维护中都应体现绿色。“美观”就是要彰显地域特征、民族特色和时代风貌，创造经典、塑造“大美”。这四个方面是有机统一的整体，相互促进，彼此兼容，不能割裂，不可或缺。

1.1.4 建筑的技术参数

(1) 建设用地面积：经城市规划行政主管部门划定的建设用地范围内的土地面积。

(2) 建筑面积：指建筑物外墙或结构外围水平投影面积。

(3) 建筑物基底面积：指建筑物接触地面的自然层建筑外墙或结构外围水平投影面积。

(4) 使用面积：使用面积包括墙体结构面积在内的直接为办公、生产、经营或生活使用的面积和辅助用房的厨房、厕所或卫生间以及壁柜、户内过道、户内楼梯、阳台、地下室、附层(夹层)、2.2m以上的阁楼等面积，如墙体属两户共有(即共墙)，其所属面积由两户平均分摊。

(5) 公用建筑面积：建筑物内可供公共使用的面积，包括应分摊公用建筑面积和不分摊公用建筑面积。

(6) 公共面积：指建筑物主体内，户型以外使用的面积，包括层高超过2.2m的设备层或技术层、室内外楼梯、楼梯悬挑平台、内外廊、门厅、电梯及机房、门斗、有柱雨篷、突出屋面围护结构的楼梯间、水箱间、电梯机房等。

公共面积其产权应属建筑物内参与分摊该公共面积的所有业主共同拥有，物业管理部门统一管理。

(7) 公共面积分摊：每户(或单位)应分摊的公共面积按以下原则进行计算。

① 有面积分割文件或协议的，应按其文件或协议进行计算。

② 如无面积分割文件或协议的，按其使用面积的比例进行分摊。即：每户应分摊的公共面积＝应分摊公共面积×每户使用面积/各户使用面积之和。

(8) 使用率：房屋使用面积(含墙体)与建筑面积之比。

(9) 容积率：项目总建筑面积与总用地面积之比，一般用小数表示。

(10) 日照间距：前后两栋建筑之间，根据日照时间要求所确定的距离。

日照间距的计算，一般以冬至这一天正午正南方向房屋一层窗台以上墙面，能被太阳照到的高度为依据。

(11) 七通一平：指给水排水通、路通、电信通、燃气通、电通、热力通、场地平整。

(12) 绿地率：建设用地范围内各类绿地面积之和与建设用地面积的比率(%)。绿地面积的计算不包括屋顶、天台和垂直绿化。

(13) 绿化覆盖率：建设用地范围内全部绿化种植物水平投影面积之和与建设用地面积的比率(%)。

(14) 建筑高度：建筑高度指自建筑物散水外缘处的室外地坪至檐口顶部的垂直高度。

(15) 层高：上下两层楼面与楼面或楼面与地面之间的垂直距离。

(16) 净高：楼面或地面至上部楼板底面或吊顶底面之间的垂直距离。

任务 1.2　建筑的分类与等级

1.2.1　建筑物分类

1. 按照建筑物的使用功能分类

建筑物按使用功能大致可分为生产性建筑和非生产性建筑两大类。生产性建筑主要指供工农业生产用的建筑物，包括各种工业建筑和农牧业建筑；非生产性建筑则可统称为民用建筑。

1) 民用建筑

民用建筑是供人们居住和进行公共活动的建筑的总称，按使用功能又可分为居住建筑和公共建筑。

(1) 居住建筑。主要指供家庭和集体生活起居用的建筑物，包括各种类型的住宅、公寓和宿舍等。

(2) 公共建筑。主要指供人们从事各种政治、文化、福利服务等社会活动用的建筑物，包括行政办公建筑、文教科研建筑、医院福利建筑、集会及观演性建筑、展览性建筑、体育建筑等。

2) 工业建筑

工业建筑是供人们进行生产活动的建筑。由于工业部门种类很多，如冶金、机械、食品、纺织等，各类中又有很多不同的工厂，如钢铁厂、造船厂、糖果厂、毛纺厂等。而在一个工厂中，又可按其在生产中的用途分为生产类建筑、仓储类建筑、动力类建筑、辅助类建筑等。

3）农牧业建筑

农牧业建筑是供人们进行农牧业的种植、养殖、贮存等的建筑，主要包括谷物及种子仓库、畜舍、蘑菇房、粮食与饲料加工站、拖拉机站等。

2. 按建筑物的层数及高度分类

民用建筑按地上层数或高度分类划分应符合下列规定。

（1）建筑高度不大于27.0m的住宅建筑、建筑高度不大于24.0m的公共建筑及建筑高度大于24.0的单层公共建筑为低层或多层民用建筑。

（2）建筑高度大于27.0m的住宅建筑和建筑高度大于24.0m的非单层公共建筑，且高度不大于100.0m的建筑，为高层民用建筑。

（3）建筑高度大于100.0m的为超高层建筑。

一般建筑按层数划分时，公共建筑和宿舍建筑1～3层为低层，4～6层为多层，不小于7层为高层；住宅建筑1～3层为低层，4～9层为多层，10层及以上为高层。

3. 按建筑结构的材料划分

1）木结构建筑

木结构建筑是指单纯由木材或主要由木材承受荷载的结构，通过各种金属连接件或卯榫手段进行连接和固定，是我国古建筑中广泛采用的结构形式。佛光寺是我国目前现存最为古老的木结构建筑之一，如图1.2.1所示。

2）混合结构建筑

混合结构建筑是指用两种或两种以上材料作为主要承重构件的建筑，如图1.2.2所示。其中，用砖墙和木楼板的为砖木结构，用砖墙和钢筋混凝土楼板的为砖混结构，用钢筋混凝土墙、柱和钢屋架的为钢混结构。这种结构材料来源广泛，对施工的技术和机具要求低，是一种比较容易实施的建筑形式，但具有空间组织不够灵活、建筑材料消耗较多、自重较大等弊端。

图1.2.1　佛光寺

图1.2.2　混合结构房屋

3）钢筋混凝土结构建筑

钢筋混凝土结构建筑是指主要承重构件全部采用钢筋混凝土的建筑，如图1.2.3所示。在钢筋混凝土结构中，钢筋承受拉力，混凝土承受压力。钢筋混凝土结构建筑具有坚固、耐久、防火性能好、比钢结构节省钢材和成本低等优点。

4）钢结构建筑

钢结构建筑是指主要承重构件全部采用钢材的建筑。钢结构建筑具有空间布置灵活、自重轻、强度高、建筑材料可重复使用等优点。国家体育场（鸟巢）为钢结构建筑，如图 1.2.4 所示。

图 1.2.3　钢筋混凝土结构房屋

图 1.2.4　国家体育场

4. 按数量和规模划分

1）大量性建筑

大量性建筑是指建筑数量较多的民用建筑，如居住建筑和为居民服务的一些中小型公共建筑（中小学、住宅楼、公寓等）。

2）大型性建筑

大型性建筑是指建造数量较少，但单栋建筑体型比较大的公共建筑，如大型体育馆、影剧院、航站楼、火车站等。

1.2.2　建筑物等级

1. 按建筑物耐久年限分类

耐久年限是指结构在正常使用、维修的情况下不影响结构预定功能的使用年限。建筑的设计使用年限分类见表 1.2.1。

表 1.2.1　设计使用年限分类

类别	设计使用年限/年	示　例
1	15	临时性建筑
2	25	易于替换结构构件的建筑
3	50	普通建筑和构筑物
4	100	纪念性建筑和特别重要的建筑

2. 按建筑物耐火性能划分

建筑物的耐火等级是由组成建筑物的墙、柱、梁、楼板等主要构件的燃烧性能和耐火极限决定的。

建筑构件的燃烧性能一般分为以下 3 类。①不燃烧体，是用不燃材料做成的建筑构件。如金属材料和无机矿物材料（钢、混凝土、砖、石棉等）。②难燃烧体，用难燃烧材料做成的建筑构件或用可燃材料做成而用不燃烧材料做保护层的建筑构件。如塑化刨花板和经过防火处理的有机材料、沥青混凝土、加粉刷的灰板墙等。③燃烧体，用可燃烧材料做成的建筑构件。如木材、纸板、沥青及各种有机材料等。

耐火极限是对任一建筑构件按时间-温度标准曲线进行耐火试验，从受到火的作用时起，到失去支持能力或完整性被破坏或失去隔火作用时为止的这段时间，用小时(h)表示。

根据我国《建筑设计防火规范》(GB 50016—2014)(2018 年版)规定，民用建筑的耐火等级可分为一、二、三、四级，除该规范另有规定外，不同耐火等级建筑相应构件的燃烧性能和耐火极限应不低于表 1.2.2 的规定。

表 1.2.2 建筑物构件的燃烧性能和耐火极限(普通建筑)

构件名称		耐火等级			
		一级	二级	三级	四级
墙	防火墙	不燃性 3.00h	不燃性 3.00h	不燃性 3.00h	不燃性 3.00h
	承重墙	不燃性 3.00h	不燃性 2.50h	不燃性 2.00h	难燃性 0.50h
	非承重墙	不燃性 1.00h	不燃性 1.00h	不燃性 0.50h	可燃性
	楼梯间的墙 电梯井的墙 住宅单元之间的墙 住宅分户墙	不燃性 2.00h	不燃性 2.00h	不燃性 1.50h	难燃性 0.50h
	疏散走道两侧的墙	不燃性 1.00h	不燃性 1.00h	不燃性 0.50h	难燃性 0.25h
	房间隔墙	不燃性 0.75h	不燃性 0.50h	难燃性 0.50h	难燃性 0.25h
柱		不燃性 3.00h	不燃性 2.50h	不燃性 2.00h	难燃性 0.50h
梁		不燃性 2.00h	不燃性 1.50h	不燃性 1.00h	难燃性 0.50h
楼板		不燃性 1.50h	不燃性 1.00h	不燃性 0.50h	可燃性
屋顶承重构件		不燃性 1.50h	不燃性 1.00h	可燃性 0.50h	可燃性
疏散楼梯		不燃性 1.50h	不燃性 1.00h	不燃性 0.50h	可燃性
吊顶(包括吊顶格栅)		不燃性 0.25h	难燃性 0.25h	难燃性 0.15h	可燃性

注：①除 GB 50016 另有规定外，以木柱承重且墙体采用不燃材料的建筑，其耐火等级应按四级确定。②住宅建筑构件的耐火极限和燃烧性能可按现行国家标准《住宅建筑规范》(GB 50368)的规定执行。

实操任务

认识建筑物任务单

专业班组		组长		日期	
任务目标	进一步掌握建筑的基本概念、建筑物的分类、建筑物的等级划分等，培养学习者运用所学解决实际问题的能力，提升学习者调查分析、团队协作能力，为完成后续的实训任务打下基础				
工作任务	选择当地一个住宅小区，介绍其建筑物概况				

续表

任务要求	1. 上网(课内)查询/打电话、走访(课外)当地一个住宅小区,从住宅小区体量、建筑造型、材料、颜色、高度、层数、户型大小等角度进行观察了解; 2. 搜集该小区建筑物概况,包括小区名称、总建筑面积、容积率、建筑类型(别墅、洋房、高层、小高层等),建筑层数等,再选择住宅小区内某一户型,介绍其建筑面积、套内面积、得房率; 3. 小组整理分析搜集到的资料,做成 PPT 形式的实训成果,分组汇报交流	
任务评价标准	评 价 标 准	分值(满分 100 分)
	PPT 制作精美,内容完整规范,逻辑清晰	20
	调研充分,资料丰富	20
	住宅小区概况介绍详略得当	20
	内容正确、合理	20
	小组成员团结协作度高	20

思考练习

一、填空题

1. 普通建筑和构筑物的设计使用年限是________年,耐久等级是________级。

2. 建筑物按使用功能大致可分为________建筑和________建筑两大类。前者主要指供工农业生产用的建筑物,包括各种________和________建筑。后者可统称为________。

3. 建筑构件按燃烧性能分为________、________、________三类。

4. 国家发改委印发的《2021 年新型城镇化和城乡融合发展重点任务》,提出的新时期建筑方针是"________、________、________、________",旨在突出建筑使用功能,防止片面追求建筑外观形象。

二、单项选择题

1. 构成建筑的基本要素是(   )。

A. 建筑功能、建筑技术、建筑用途　　B. 建筑功能、建筑形象、建筑用途

C. 建筑功能、建筑规模、建筑形象　　D. 建筑功能、建筑技术、建筑形象

2. 建筑是指(   )的总称。

A. 建筑物　　B. 构筑物　　C. 建筑物、构筑物　　D. 建造物、构造物

3. 建筑物按照使用性质可分为(   )。

①工业建筑　②公共建筑　③民用建筑　④农牧业建筑

A. ①②③　　B. ②③④　　C. ①③④　　D. ①②③④

4. 判断建筑构件是否达到耐火极限的具体条件有(   )。

①构件是否失去支持能力　②构件是否被破坏　③构件是否失去完整性　④构件是否失去隔火作用　⑤构件是否燃烧

A. ①③④　　B. ②③⑤　　C. ③④⑤　　D. ②③④

5. 某建设项目,总建筑面积 12 万 m^2,建设总用地面积 6 万 m^2,其中公共建筑面积为

2 万 m^2，则该项目容积率为（　　）。

A. 0.2　　B. 2　　C. 0.3　　D. 9

要点小结

本学习情景主要介绍建筑的基本概念、建筑的分类与等级等内容，旨在帮助学习者建立对建筑物的初步认知，从形式不同、风格各异的建筑中体悟人类的崇高之美、人与环境和谐共生的重要性，并提升学习者信息分析、团结互助的能力。

学习情景1
思考练习题答案

学习情景2 了解民用建筑材料

思维导图

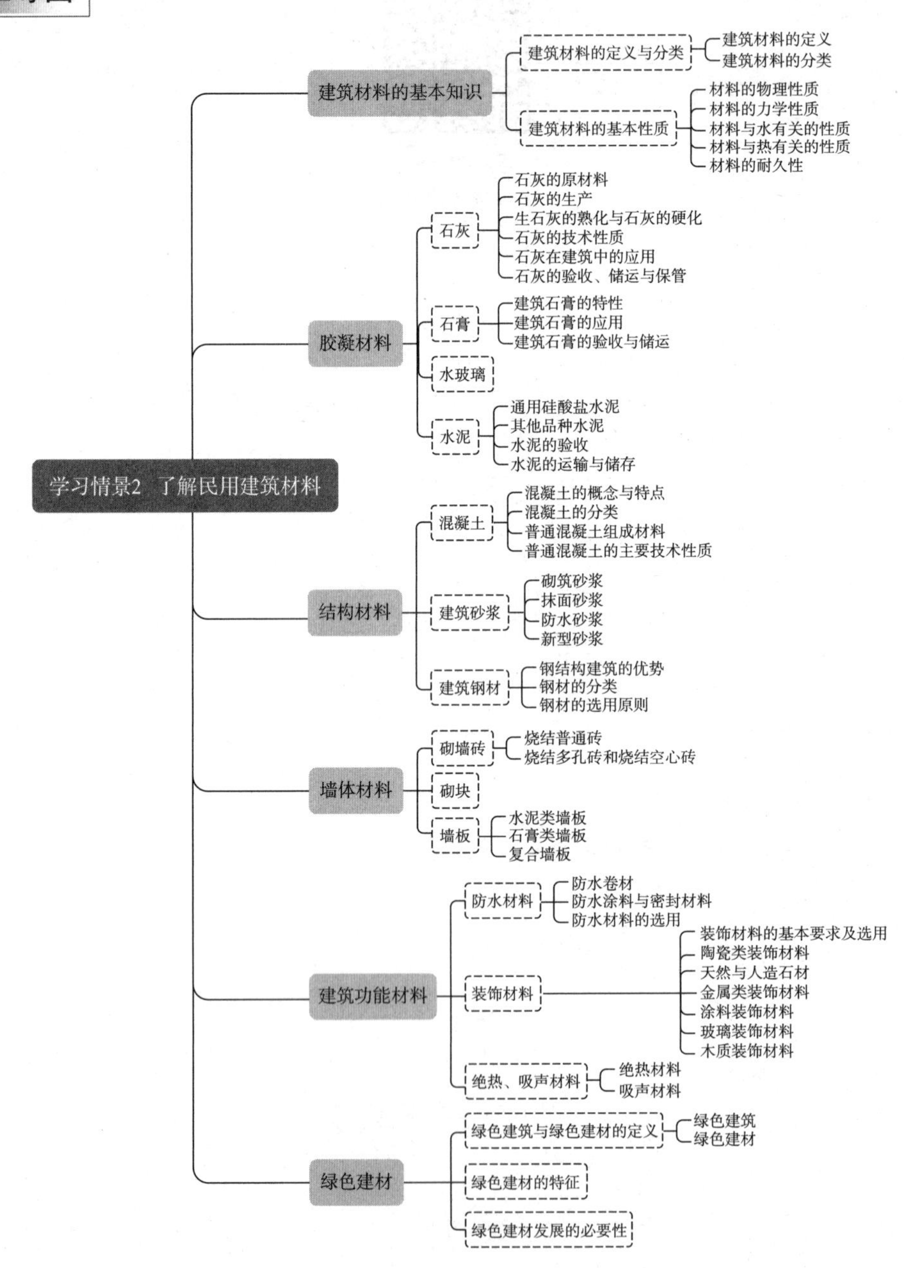

学习情景描述

建筑材料就是在建筑工程中使用的各种材料，直接影响着建筑物的性能、功能、使用年限和经济成本，从而影响人类生活空间的安全性和舒适性。为了更好地处理物业工程管理中房屋质量缺陷的处理、建筑材料的选用等工作，我们应该认知常用建筑材料。本学习情景讲述的主要内容是常用建筑材料的种类、性质及特点。

学习目标

1. 了解常用建筑材料的基本性质；
2. 能识别建筑材料，并能对建筑材料进行分类；
3. 能描述常用建筑材料的性能与特点。

案例引入

扫描二维码，阅读文章“双碳目标下的中国建设”，思考回答以下问题。

1. 谈谈中国建设如何助推双碳目标的实现？
2. 谈谈你对绿色建材和环境保护的认识和理解。

案例 2
双碳目标下的
中国建设

拓展知识 3
关于印发绿色建材产业高
质量发展实施方案的通知

任务 2.1　建筑材料的基本知识

2.1.1　建筑材料的定义与分类

1. 建筑材料的定义

建筑材料是指建筑结构物中使用的各种材料及制品，是构成建筑工程的物质基础。它品种繁多、性能各异、价格悬殊，使用量巨大，因此，合理选择和使用建筑材料，对保证建筑结构的安全、实用、美观、耐久有着重大的意义。广义的建筑材料是指用于土木工程中的所有材料，包括构成建筑物和构筑物本身的材料、施工过程中所用的材料、建筑设备所用的材料。本书中所指的建筑材料是狭义的建筑材料，即构成建筑物本身的材料，包括地基基础、墙或柱、楼地层、楼梯、屋盖、门窗等所需的材料。

2. 建筑材料的分类

1）按建筑材料的化学成分分类

根据建筑材料的化学成分，可分为有机材料、无机材料和复合材料三大类，见表 2.1.1。

表 2.1.1　按建筑材料化学成分分类

<table>
<tr><th>分　类</th><th colspan="2">种　　类</th><th>举　　例</th></tr>
<tr><td rowspan="3">有机材料</td><td colspan="2">植物材料</td><td>木材、竹材等</td></tr>
<tr><td colspan="2">沥青材料</td><td>石油沥青、煤沥青、沥青制品等</td></tr>
<tr><td colspan="2">合成高分子材料</td><td>塑料、涂料、胶黏剂等</td></tr>
<tr><td rowspan="7">无机材料</td><td rowspan="2">金属材料</td><td>有色金属</td><td>铝、铜、锌、铅及其合金</td></tr>
<tr><td>黑色金属</td><td>钢、铁、锰、铬及其各类合金</td></tr>
<tr><td rowspan="5">非金属材料</td><td>天然材料</td><td>砂、石及石材制品</td></tr>
<tr><td>烧土制品</td><td>砖、瓦、陶瓷</td></tr>
<tr><td>胶凝材料</td><td>石灰、石膏、水泥、水玻璃等</td></tr>
<tr><td>混凝土及硅酸盐制品</td><td>混凝土、砂浆、硅酸盐制品</td></tr>
<tr><td>无机纤维材料</td><td>玻璃纤维、矿物棉等</td></tr>
<tr><td rowspan="3">复合材料</td><td colspan="2">无机非金属材料与有机材料复合</td><td>聚合物混凝土、玻璃纤维增强塑料、沥青混凝土等</td></tr>
<tr><td colspan="2">金属材料与无机非金属材料复合</td><td>钢筋混凝土</td></tr>
<tr><td colspan="2">金属材料与有机材料复合</td><td>轻质金属夹芯板</td></tr>
</table>

2）按建筑材料使用功能分类

根据建筑材料功能及特点，可分为建筑结构材料、建筑功能材料和其他材料。

（1）建筑结构材料，主要是指构成建筑物受力构件和结构所用的材料，如梁、板、柱、基础、框架及其他受力构件和结构等所用的材料都属于这一类，包括木材、石材、水泥、混凝土、钢材、砖、砌块等。对这类材料主要技术性能的要求是强度和耐久性。

（2）建筑功能材料，主要是指具有某些特殊功能的非承重材料，如防水材料、绝热材料、吸声和隔声材料、采光材料、装饰材料等。

（3）其他材料，是指满足使用要求，与建筑物配套的各种设备，如电器及灯具、水暖及空调、环保器材、建筑五金等。

2.1.2　建筑材料的基本性质

1. 材料的物理性质

1）材料的密度、表观密度与堆积密度

（1）密度。密度是指材料在绝对密实状态下，单位体积的质量，按式(2.1.1)计算：

$$\rho=\frac{m}{V} \tag{2.1.1}$$

式中：ρ——密度(g/cm^3)；

m——材料的质量(g)；

V——材料在绝对密实状态下的体积(cm^3)。

绝对密实状态下的体积是指不包括孔隙在内的体积。除了钢材、玻璃等少数材料外，绝大多数材料都有一定孔隙。在测定有孔隙材料的密度时，应把材料磨成细粉，干燥后，用李氏瓶测定其实体积，材料磨得越细，测得的密度数值就越精确。砖、石材等块状材料的密度即用此法测得。

(2) 表观密度。表观密度是指材料在自然状态下，单位体积的质量，按式(2.1.2)计算：

$$\rho_0=\frac{m}{V_0} \tag{2.1.2}$$

式中：ρ_0——表观密度(g/cm^3 或 kg/m^3)；

m——材料的质量(g 或 kg)；

V_0——材料在自然状态下的体积，或称表观体积(cm^3 或 m^3)。

材料的表观体积是指包含内部孔隙的体积。当材料孔隙内含有水分时，其质量和体积均将有所变化，故测定表观密度时，须注明其含水情况。一般是指材料在气干状态(长期在空气中干燥)下的表观密度。在烘干状态下的表观密度，称为干表观密度。

(3) 堆积密度。堆积密度是指粉状或粒状材料，在堆积状态下，单位体积的质量，按式(2.1.3)计算：

$$\rho_0'=\frac{m}{V_0'} \tag{2.1.3}$$

式中：ρ_0'——堆积密度(kg/m^2)；

m——材料的质量(kg)；

V_0'——材料堆积体积(m^3)。

测定散粒材料的堆积密度时，材料的质量是指填充在一定容器内的材料质量，其堆积体积是指所用容器的容积。因此，材料的堆积体积包含了颗粒之间的空隙。

2) 材料的密实度、孔隙率与填充率

(1) 密实度。密实度 D 是指材料体积内被固体物质充实的程度，按式(2.1.4)计算：

$$D=\frac{V}{V_0}\times 100\% \tag{2.1.4}$$

(2) 孔隙率。孔隙率 P 是指材料体积内，孔隙体积所占的比例，用式(2.1.5)表示：

$$P=\frac{V_0-V}{V_0}=1-\frac{V}{V_0} \tag{2.1.5}$$

即 $D+P=1$ 或密实度＋孔隙率＝1。

孔隙率的大小直接反映了材料的致密程度。材料内部孔隙的构造，可分为连通的与封闭的两种，如图 2.1.1 所示。孔隙的大小及其分布对材料的性能影响较大。

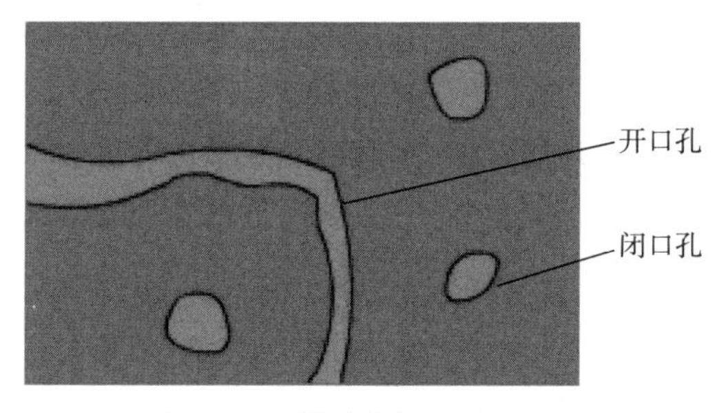

图 2.1.1　材料内部孔隙示意图

(3) 填充率。填充率 D' 是指散粒材料在某堆积体积中，被其颗粒填充的程度，按式(2.1.6)计算：

$$D'=\frac{V}{V_0}\times 100\% \tag{2.1.6}$$

(4) 空隙率。空隙率 P 是指散粒材料在某堆积体积中，颗粒之间的空隙体积所占的比例，用式(2.1.7)表示：

$$P=\frac{V_0'-V}{V_0'}=1-\frac{V}{V_0'} \tag{2.1.7}$$

即 $D'+P'=1$ 或填充率＋空隙率＝1。

空隙率的大小反映了散粒材料的颗粒互相填充的致密程度。空隙率可作为控制混凝土骨料级配与计算含砂率的依据。

2. 材料的力学性质

1）材料的强度

材料的强度是指材料在外力(荷载)作用下抵抗破坏的能力。当材料受外力作用时，其内部将产生应力，外力逐渐增大，内部应力也相应加大。直到材料不再能够承受时，结构即破坏。此时材料所承受的极限应力值，就是材料的强度。

材料的强度差异很大。砖、石材、混凝土和铸铁等材料的抗压强度较高，而抗拉强度及抗弯强度较低，多用于结构的承压部位，如墙、柱、基础等；钢材的抗拉、抗压强度都很高，则适用于承受各种外力的结构。

2）弹性与塑性

材料在外力作用下产生变形，当外力去除后能完全恢复到原始形状的性质称为弹性；当外力去除后，有一部分变形不能恢复，这种性质称为塑性。

3）脆性与韧性

材料受外力作用，当外力达到一定限度时，材料突然破坏，且破坏时无明显的塑性变形，这种性质称为脆性。脆性材料不利于抵抗振动和冲击荷载。

材料在冲击或振动荷载作用下，能吸收较大的能量，同时产生较大的变形而不被破坏，这种性质称为韧性。建筑钢材(软钢)、木材等属于韧性材料。

4）硬度

材料另一个重要的力学性能是硬度。它是指材料局部抵抗硬物压入其表面的能力。一般情况下，硬度大的材料强度高、耐磨性较强，但不易加工。

3. 材料与水有关的性质

1）材料的亲水性与憎水性

亲水性是指材料与水接触时，易于被水润湿的性质。许多材料都具有亲水性，如木材、纸张、棉布等。这些材料在接触水时，表面会迅速被水润湿，形成一层水膜。与亲水性相反，憎水性是指材料与水接触时，不易被水润湿的性质。许多材料都具有憎水性，如玻璃、许多金属材料、塑料等。这些材料在接触水时，表面不易形成水膜，水珠会在其表面滚动。材料的亲水性与憎水性对于结构物的防渗能力具有重要的意义。

2）材料的吸水性和吸湿性

吸水性是指材料在水中吸收水分的能力。吸水性的大小以吸水率来表示，材料吸水饱和时的含水率称为吸湿率。材料的吸水率与其孔隙率和孔隙特征有关。不同的材料具有不同的吸水性。例如，木材是一种良好的吸水材料，而玻璃则几乎不吸水。吸水性的大小对于材料的性能和使用有着重要的影响。

吸湿性是指材料在潮湿空气中吸收水分的性质。吸湿作用一般是可逆的，既可吸收空气中的水分，又可向空气中释放水分。当空气中的湿度在较长时间内保持稳定时，材料的吸湿和干燥过程处于平衡状态，此时材料的含水率保持不变，其含水率称为平衡含水率。

3）材料的耐水性

耐水性是指材料在长期与水接触或浸入水中时，保持其原有性能的能力。一些材料在长期与水接触后，其性能会发生变化，如强度降低、变形等。因此，对于需要长期与水接触的材料，其耐水性是一个重要的性能指标。

4）材料的抗渗性

抗渗性是指材料阻止水分渗透的能力。在建筑工程中，材料的抗渗性对于防水、防潮等有着重要的意义。例如，防水混凝土具有良好的抗渗性，能够阻止水分渗透到建筑物内部。

4. 材料与热有关的性质

1）导热性

导热性是指材料传导热量的能力。当材料两面存在温度差时，热量就会从高温的一面传导到低温的一面。导热性的大小用导热系数表示。材料的导热性与材料的组成和结构、孔隙率和孔隙特征、含水率和温度等有关。

导热系数是确定材料绝热性的重要指标。导热系数越小，材料的绝热性越好。影响材料导热性的因素很多，其中主要的有材料的孔隙率、孔隙特征及含水率等。材料内微小、封闭、均匀分布的孔隙越多，导热系数就越小，保温隔热性也就越好，反之则越差。影响材料的导热系数的因素有以下几个。

（1）材料的组成与结构。一般来说，金属材料的导热系数＞非金属材料的导热系数/无机材料的导热系数＞有机材料的导热系数、晶体材料的导热系数＞非晶体材料的导热系数。

（2）同种材料孔隙率越大，导热系数越小。细小孔隙、闭口孔隙比粗大孔隙、开口孔隙对降低导热系数更为有利，因为避免了对流导热。

（3）含水或含冰时，导热系数会急剧增加。因为水的导热系数是空气的 25 倍，而冰的导热系数又是水的 4 倍，所以，对于多孔结构的保温隔热材料，要注意防潮、防冻。

（4）温度越高，导热系数越大（金属材料除外）。

材料的导热性对建筑物的隔热和保温具有重要意义，有保温隔热要求的建筑物宜选用导热系数小的材料做围护结构。

2）比热及热容量

材料具有受热时吸收热量，冷却时放出热量的性质。材料温度升高（或降低）1K 时吸收（或放出）的热量，称为该材料的热容量。1kg 材料的热容量，称为该材料的比热。材料的热容量越大，建筑室内的温度越稳定。热容量高的材料，能对室内温度起调节作用，使温度变化不致过快，冬季或夏季施工对材料进行加热或冷却处理时，均需考虑材料的热容量。

3）耐燃性及耐火性

耐燃性是指材料抵抗燃烧的性质。建筑材料的燃烧性能是指材料或制品燃烧或遇火时所发生的一切物理和化学变化。耐燃性是影响建筑物防火和耐火等级的重要因素。耐火性是指材料长期抵抗高温或火的作用，保持其原有性质的能力。

5. 材料的耐久性

材料的耐久性是指材料在使用中抵抗自身和环境的长期破坏作用，保持其原有性能而不被破坏、不变质的能力。由具有良好耐久性的建筑材料修筑的工程结构，具有较长的使用寿命。因此，提高材料耐久性，可延长工程结构的使用寿命，节约能源和材料等自然资源。耐久性是材料的一项综合性质，包括抗渗性、抗冻性、抗老化、防腐、防虫蛀、耐热、耐火等。

任务 2.2 胶凝材料

胶凝材料是指经过自身的物理、化学作用后，由可塑性浆体（液态或膏体状态）变成坚硬固体物质的过程中，能把散粒材料（砂或石子）或块状材料（砖或石块）胶结成一个整体的材料。胶凝材料按化学成分可分为无机胶凝材料和有机胶凝材料两类。有机胶凝材料是指以天然或合成高分子化合物为基本组成的一类胶凝材料，如沥青、树脂等。无机胶凝材料按硬化条件又分为气硬性胶凝材料与水硬性胶凝材料两种。气硬性胶凝材料只能在空气中硬化，并保持或继续提高强度，如石灰、石膏、水玻璃等；水硬性胶凝材料不仅能在空气中硬化，而且能更好地在水中硬化，保持并继续提高强度，如各种水泥。

2.2.1 石灰

石灰是一种气硬性胶凝材料，是建筑上使用较早的矿物凝胶材料之一，因原料来源广、生产工艺简单、成本低，并具有很好的胶结性能，至今仍被土木工程广泛使用。

1. 石灰的原材料

石灰最主要的原材料是以碳酸钙（$CaCO_3$）成分为主的石灰石、白云石和白垩。原材料的品种和产地，对石灰性质影响较大，一般要求原材料中黏土杂质含量小于8%。

2. 石灰的生产

石灰的生产，实际上就是用石灰岩、白垩、白云质石灰岩或其他以碳酸钙为主的天然原料，经高温煅烧得到块状产品，称为生石灰。碳酸钙分解成 CaO 和 CO_2，CO_2 以气体的形式逸出。生石灰的主要成分是 CaO，煅烧时的反应式如下：

$$CaCO_3 \xrightarrow{\text{高温煅烧}} CaO + CO_2 \uparrow \tag{2.2.1}$$

生产所得的生石灰，是一种白色或灰色的块状物质。生石灰的特性是遇水快速产生水化反应，体积膨胀，并放出大量热。煅烧良好的生石灰能在几秒内与水反应完毕，体积膨胀两倍左右。

当煅烧温度过低或时间不足时，$CaCO_3$ 不能完全分解，造成生石灰中含有石灰石。这类石灰称为欠火石灰。欠火石灰的特点是产浆量低，石灰利用率不高。主要原因是 $CaCO_3$ 不溶于水，也无胶结能力，在熟化成为石灰膏时作为残渣被废弃，所以有效利用率下降。

当煅烧温度过高或时间过长时，部分块状石灰的表层会被煅烧成十分致密的釉状物，这类石灰称为过火石灰。过火石灰的特点是颜色较深、密度较大，与水反应熟化的速度较慢，往往要在石灰固化后才开始熟化，从而产生局部体积膨胀，影响工程质量。过火石灰在生产中是很难避免的，所以石灰膏在使用前必须经过"陈伏"工序。

煅烧后所得的生石灰，是一种白色或灰色的块状物质，绝大多数情况下不能直接使用。要经过熟化，由生石灰熟化为熟石灰才可以应用于工程。制作灰土和三合土的时候可以直接使用生石灰。

3. 生石灰的熟化与石灰的硬化

1）生石灰的熟化

工地上使用石灰时，通常将生石灰加水，使之消解为消石灰（$Ca(OH)_2$），这个过程称为石灰的"消化"，又称"熟化"。

$$CaO+H_2O=Ca(OH)_2 \tag{2.2.2}$$

石灰的熟化为放热反应，熟化时体积增大 1～2.5 倍。煅烧良好、氧化钙含量高的石灰熟化较快，放热量和体积增大也较多。

用于调制石灰砌筑砂浆或抹灰砂浆时，需将生石灰在化灰池中熟化成石灰浆后，通过筛网流入储灰坑。因生石灰中常含有欠火石灰和过火石灰，为了消除过火石灰的危害，石灰浆应在储灰坑中"陈伏"两星期以上。石灰浆在储灰坑中沉淀并除去上层水分后称为石灰膏。

2）石灰的硬化

石灰浆体在空气中逐渐硬化，是由下面两个同时进行的过程来完成的。

（1）结晶作用，即游离水分蒸发，$Ca(OH)_2$ 逐渐从饱和溶液中结晶。

（2）碳化作用，即 $Ca(OH)_2$ 与空气中的 CO_2 化合生成 $CaCO_3$ 结晶，释出水分并被蒸发。碳化作用实际是 CO_2 与 H_2O 形成 H_2CO_3，然后与 $Ca(OH)_2$ 反应生成 $CaCO_3$，因此这个作用不能在没有水分的全干状态下进行。

4. 石灰的技术性质

石灰的主要特性有以下 5 点。

1）保水性与可塑性好

$Ca(OH)_2$ 颗粒极细，比表面积很大，每个颗粒均吸附一层水膜，使得石灰浆具有良好的保水性和可塑性。因此，土木工程中常用 $Ca(OH)_2$ 颗粒来改善水泥砂浆的保水性和可塑性。

2）凝结硬化慢、强度低

石灰浆凝结硬化一般需要数周，硬化后的强度一般小于 1MPa，如 1∶3 的石灰砂浆硬化后的强度仅为 0.2～0.5MPa。人工碳化，可使强度大幅度提高，如碳化石灰板及其制品。

3）耐水性差

石灰浆在水中或潮湿环境中基本没有强度，在流水中还会溶解流失。因为石灰浆体硬化后的主要成分是 $Ca(OH)_2$，$Ca(OH)_2$ 微溶于水；但固化后的石灰制品经人工碳化处理后，耐水性大大提高。

4）干燥收缩大

石灰浆体中的游离水，特别是吸附水蒸发，引起硬化时体积收缩、开裂。碳化过程也会引起体积收缩。因此，石灰一般不宜单独使用，通常掺入砂子、麻刀、纸筋等材料以减少收缩或提高抗裂能力。

5）吸水性强

生石灰极易吸收空气中的水分熟化成熟石灰粉，所以生石灰若需长期存放，应在密闭条件下做到防潮、防水。

5. 石灰在建筑中的应用

1）配置石灰砂浆和石灰乳涂料

用熟化并"陈伏"好的石灰膏与砂、麻刀、纸筋配制石灰砂浆、麻刀灰、纸筋灰，可广泛用作内墙、顶棚的抹面砂浆。用石灰膏、水泥和砂配制混合砂浆，通常用来砌筑墙体或做抹灰之用。由石灰膏或消石灰粉加水稀释，可得石灰乳，是一种传统的室内粉刷涂料，主要用于临时建筑的室内粉刷。

2）拌制灰土、三合土

消石灰粉和黏土按一定比例拌合而成的混合物称为灰土，若再加入炉渣、砂、石等填料，即成三合土。灰土和三合土的应用，在我国有很久的历史，经夯实后强度高、耐水性好，且操作简单，价格低廉，广泛应用于建筑物的基础、路面或地面的垫层、地基的换土处理等。

3）生产硅酸盐制品

以石灰（生石灰粉或消石灰粉）与硅质材料（如矿渣、粉煤灰等）为原料，加水拌合，经成型，再进行蒸养或蒸压处理等工序得到的建筑材料，统称为硅酸盐制品，如蒸压灰砂砖、粉煤灰砖、加气混凝土砌块等，可用作墙体材料。

4）制作碳化石灰板

将生石灰粉、纤维填料（如短玻璃纤维）或轻质骨料（如矿渣）与水按一定比例搅拌成型。然后用 CO_2 进行 12～24h 的人工碳化，可制得质轻的碳化石灰板。为减轻自重，提高碳化效果，多制成空心板，如石灰空心板。石灰空心板的导热系数小，保温隔热性能良好，且易于加工，主要用于天花板、非承重内墙板等。

6. 石灰的验收、储运与保管

建筑生石灰粉、消石灰粉一般采用袋装，可以采用符合标准的生皮纸袋、塑料编织袋或复合纸袋等包装，袋上应标明生产厂家、产品名称、商标、净重、批量编号等。

石灰保管时应分类、分等级存放在干燥的仓库内，不宜长期存储。由于生石灰遇水时发生反应放出大量的热，生石灰不宜与易燃、易爆物品共存、共运，以免造成火灾。存放时可称将石灰制成石灰膏密封或采用在上面覆盖砂土等方式与空气隔绝，防止硬化，以免降低石灰的胶结能力。

2.2.2 石膏

石膏和石灰一样，都是最古老的建筑材料，具有悠久的使用与发展历史。据有关资料介绍，我国的古长城，在砌筑时就使用了石膏作为砌筑灰浆。石膏是以硫酸钙为主要成分的气硬性胶凝材料，石膏制品具有轻质高强、隔热吸声、防火保温、环保美观、加工容易等优良性能，特别适用于室内装饰及框架轻板结构，特别是各种轻质石膏板材。在建筑工程应用中发展迅速。

1. 建筑石膏的特性

1）石膏凝结硬化快

建筑石膏加水拌合后，几分钟便开始初凝，30min 内终凝，2h 后抗压强度可达 3～6MPa，7d 即可接近最高强度（8～12MPa）。凝结时间过短不利于施工，一般使用时常掺入硼砂、骨胶、纸浆废液等缓凝剂，增长凝结时间。

2）凝结硬化时体积微膨胀

建筑石膏硬化过程中体积略有膨胀，硬化时不出现裂缝，所以可以不掺加填料而单独使用，石膏制品尺寸准确、表面光滑、形体饱满，特别适合制作建筑装饰品。

3）孔隙率大，保温性好

由于石膏制品生产时往往加入过量的水，过量的自由水蒸发后，在石膏制品内部形成大量的毛细孔，孔隙率达 50%～60%，因此石膏制品表观密度小（800～1000kg/m^3），导热系数低，具有良好的保温绝热性能，常用作保温材料；大量的毛细孔对吸声有一定作用，可用于吊顶板。但孔隙率大使石膏制品的强度低、吸水率大。

4）防火性好，耐火性差

石膏制品导热系数小，传热慢，遇火时二水石膏分解产生水蒸气能有效阻止火势蔓延，起防火作用。但二水石膏脱水后粉化，强度降低，石膏制品不宜长期在 65℃以上的高温环境中使用。

5）耐水性、抗冻性差

建筑石膏内部有大量毛细孔隙，吸湿性强、吸水性大、不耐水、不抗冻，潮湿环境中易变形、发霉。可在石膏中掺入适当防水剂来提高石膏制品的耐水性。此外，石膏还具有调湿性，由于建筑石膏内部的大量毛细孔隙对空气中水蒸气有较强的“呼吸”作用，可调节室内温度、湿度，使居住环境更舒适。

2. 建筑石膏的应用

1）室内抹灰及粉刷

建筑石膏加水、砂拌合成石膏砂浆，用于室内抹灰和粉刷。抹灰后的墙面光滑、细腻、洁白美观，给人以舒适感，具有良好的装饰效果。经石膏抹灰后的墙面、顶棚，还可以直接涂刷涂料、粘贴壁纸等。为控制建筑石膏的凝结时间，用于抹灰、粉刷时，常用建筑石膏和硬石膏混合后再掺入适量缓凝剂及附加材料制成粉刷石膏。

2）制作各种石膏制品

建筑石膏制品种类较多，我国目前主要生产各类石膏板、石膏砌块和装饰石膏制品。石膏板主要有纸面石膏板、纤维石膏板及空心石膏板等。装饰石膏制品主要有装饰石膏板、嵌装式装饰石膏板及艺术石膏制品等。

石膏板具有质轻、保温、隔热、吸声、防火、抗震、可加工性好、成本低等优良性能,施工方便、节能,是一种具有广阔发展前景的新型轻质材料。但石膏板具有徐变的性质,在潮湿环境中更严重,且强度较低又呈弱酸性,不能配加强钢筋,故不宜用于承重结构。为进一步改善其耐水性,可掺入水泥、粒化高炉矿渣、石灰、粉煤灰或有机防水剂,也可在表面采用耐水护面纸或防水高分子材料,采用面层防水保护等技术措施。

3. 建筑石膏的验收与储运

建筑石膏一般采用袋装,可用具有防潮功能及不易破损的纸袋或其他复合袋包装;包装袋上应清楚标明产品标记、厂名、生产日期和批号、质量等级、商标等。建筑石膏易受潮吸湿,凝结硬化快,因此在储运过程中必须防潮防水。石膏储存 3 个月后,强度下降 30%左右,因此储存时间一般不超过 3 个月,否则应重新检验并确定其等级。

2.2.3 水玻璃

水玻璃又称泡花碱,是一种碱金属气硬性胶凝材料。在建筑工程中需用来配制水玻璃胶泥、水玻璃砂浆、水玻璃混凝土,在防酸、防腐、耐热工程中应用广泛,也可以用水玻璃作为原料配制无机涂料。

水玻璃是由碱金属氧化物和二氧化硅结合而成的可溶性碱金属硅酸盐材料,为无色或略带青灰色、透明或半透明的稠状液体,能溶于水,遇酸分解,硬化后为无定型的玻璃状物质,无色无味,不燃不爆。

水玻璃硬化后具有较高的黏结强度、抗拉、抗压强度。水玻璃硬化中析出的硅酸凝胶具有很强的黏附性,因而水玻璃有良好的黏结能力。硅酸凝胶能堵塞材料毛细孔并在表面形成连续封闭膜,起到阻止水分渗透的作用,因而具有很好的抗渗性和抗风化能力。水玻璃还具有良好的耐热性能,在高温下不分解,强度不降低,采用耐热耐火骨料配制水玻璃砂浆和混凝土时,耐热度可达 1000℃。

水玻璃可用于涂料与浸渍材料制作,可用于配制速凝防水剂加固土壤。

2.2.4 水泥

水泥是一种粉状水硬性无机胶凝材料,与水混合后会凝固为坚固的物体。它通常是由石灰石、黏土等原材料经过高温处理后所得的产物。水泥在加水搅拌后,能够形成可塑性浆体,可以在空气中硬化,也可以在水中硬化,因此被广泛用于建筑、道路、桥梁等工程中。

水泥的种类很多,按照《水泥的命名原则和术语》(GB/T 4131—2014)的规定,按水泥的用途及性能可分为通用水泥和特种水泥两大类,如表 2.2.1 所示。此外按水泥的主要成分可分为硅酸盐类水泥、铝酸盐类水泥、硫酸盐类水泥和磷酸盐类水泥等。

表 2.2.1 水泥按性能和用途的分类

水泥品种	性能和用途	主要品种
通用水泥	指一般土木工程通常采用的水泥,此类水泥的产量高,适用范围广	硅酸盐水泥、普通硅酸盐水泥、矿渣硅酸盐水泥等

续表

水泥品种	性能和用途	主要品种
特种水泥	具有特殊性能或用途的水泥	铝酸盐类水泥、硫酸盐水泥、低热硅酸盐水泥和快硬硅酸盐水泥等

1. 通用硅酸盐水泥

通用硅酸盐水泥是以硅酸盐熟料和适量的石膏及规定的混合材料制成的水硬性胶凝材料。它包括硅酸盐水泥、普通硅酸盐水泥、矿渣硅酸盐水泥、火山灰质硅酸盐水泥、粉煤灰硅酸盐水泥和复合硅酸盐水泥，是我国广泛使用的水泥品种之一。通用硅酸盐水泥的特性见表 2.2.2。

表 2.2.2　通用硅酸盐水泥的主要特性

水泥品种	硅酸盐水泥	普通硅酸盐水泥	矿渣硅酸盐水泥	火山灰质硅酸盐水泥	粉煤灰硅酸盐水泥	复合硅酸盐水泥
凝结硬化	快	较快	慢	慢	慢	与所掺两种或两种以上的混合材料的种类、掺量有关，其特性基本与矿渣硅酸盐水泥、火山灰质硅酸盐水泥、粉煤灰硅酸盐水泥特性相似
强度	早期强度高	早期强度较高	早期强度低，后期强度增长较快	早期强度低，后期强度增长较快	早期强度低，后期强度增长较快	
水化热	高	较高	较低	较低	较低	
抗冻性	好	较好	差	差	差	
干缩性	小	较小	大	大	小	
耐腐蚀性	差	较差	较好	较好	较好	
其他特征	耐热性差	耐热性较差	耐热性好	抗渗性较好	抗裂性较好	

通用硅酸盐水泥的矿物组成不尽相同，所以各有特性。在工程应用中，根据工程所处的环境条件、建筑物的特点及混凝土所处部位，正确选择水泥品种尤为重要。通用硅酸盐水泥的选用如表 2.2.3 所示。

表 2.2.3　通用硅酸盐水泥的选用

工程特点及所处环境条件			优先选用	可以选用	不宜选用
普通混凝土	1	一般气候环境	普通硅酸盐水泥	矿渣硅酸盐水泥、火山灰质硅酸盐水泥、粉煤灰硅酸盐水泥、复合硅酸盐水泥	—
	2	干燥环境	普通硅酸盐水泥	矿渣硅酸盐水泥	火山灰质硅酸盐水泥、粉煤灰硅酸盐水泥
	3	高温或长期处于水中	矿渣硅酸盐水泥、火山灰质硅酸盐水泥、粉煤灰硅酸盐水泥、复合硅酸盐水泥	—	—
	4	厚大体积		—	硅酸盐水泥、普通硅酸盐水泥

续表

<table>
<tr><th colspan="3">工程特点及所处环境条件</th><th>优先选用</th><th>可以选用</th><th>不宜选用</th></tr>
<tr><td rowspan="7">有特殊要求的混凝土</td><td>1</td><td>要求快硬、高强预应力</td><td>硅酸盐水泥</td><td rowspan="2">普通硅酸盐水泥</td><td rowspan="3">矿渣硅酸盐水泥、火山灰质硅酸盐水泥、粉煤灰硅酸盐水泥、复合硅酸盐水泥</td></tr>
<tr><td>2</td><td>严寒地区冻融条件</td><td>硅酸盐水泥</td></tr>
<tr><td>3</td><td>严寒地区处于水位升降范围内</td><td>普通硅酸盐水泥，强度等级>42.5</td><td>—</td></tr>
<tr><td>4</td><td>蒸汽养护</td><td>矿渣硅酸盐水泥、火山灰质硅酸盐水泥、粉煤灰硅酸盐水泥、复合硅酸盐水泥</td><td>—</td><td>酸盐水泥、普通硅酸盐水泥</td></tr>
<tr><td>5</td><td>有耐热要求</td><td>矿渣硅酸盐水泥</td><td>—</td><td>—</td></tr>
<tr><td>6</td><td>有抗渗要求</td><td>火山灰质硅酸盐水泥、普通硅酸盐水泥</td><td>—</td><td>矿渣硅酸盐水泥</td></tr>
<tr><td>7</td><td>受腐蚀作用</td><td>矿渣硅酸盐水泥、火山灰质硅酸盐水泥、粉煤灰硅酸盐水泥、复合硅酸盐水泥</td><td>—</td><td>硅酸盐水泥、普通硅酸盐水泥</td></tr>
</table>

2. 其他品种水泥

在实际建筑施工中，往往会遇到一些有特殊要求的工程，如紧急抢修工程、具有鲜艳色彩的工程、耐热耐酸工程、新旧混凝土搭接工程等。前面介绍的 6 个品种的水泥已不能满足这些工程的要求，这就需要采用其他品种的水泥，常见的如白色硅酸盐水泥，中、低热硅酸盐水泥快硬水泥，膨胀水泥等。

1）白色硅酸盐水泥

白色硅酸盐水泥熟料是以适当成分的生料烧至部分熔融，所得以硅酸钙为主要成分、氧化铁含量少的熟料。由氧化铁含量少的硅酸盐水泥熟料，适量石膏及标准规定的混合材料，磨细制成的水硬性胶凝材料称为白色硅酸盐水泥，简称白水泥。

白水泥主要用于建筑物的装饰，如地面、楼梯、外墙饰面，彩色水刷石和水磨石制造，大理石及瓷砖镶贴，混凝土雕塑工艺制品等。还可与彩色颜料配成彩色水泥，配制彩色砂浆或混凝土，用于装饰工程。

2）中、低热硅酸盐水泥

中热硅酸盐水泥：以适当成分的硅酸盐水泥熟料，加入适量石膏，磨细制成的具有中等水化热的水硬性胶凝材料。低热硅酸盐水泥：以适当成分的硅酸盐水泥熟料，加入适量石膏，磨细制成的具有低水化热的水硬性胶凝材料。

中热硅酸盐水泥主要适用于大坝溢流面的面层和水位变动区等要求较高耐磨性和抗冻性的工程；低热硅酸盐水泥主要适用于大坝或大体积建筑物内部及水下工程。

3）快硬水泥

快硬水泥也称早硬水泥，通常以水泥的 1d 或 3d 抗压强度值确定标号。快硬水泥快硬早强、后期强度下降，耐热性强，水化热高、放热快，抗渗性及耐腐蚀性强。广泛使用于要求早期强度高、紧急抢险、冬季施工的工程以及耐硫酸盐混凝土等。

4）膨胀水泥

膨胀水泥能改善或克服其他水泥在硬化过程中由收缩而可能造成的细微裂缝，从而避免了其抗渗、抗冻、抗腐蚀性能减弱的问题，还可用于装配式构件接头、建筑连接部位和堵漏补缝等，以防止其他类型水泥硬化时收缩造成的连接不牢等。

3. 水泥的验收

（1）水泥到货后，进场时应核对包装袋上的工厂名称、水泥品种标号、水泥代号、出厂日期和生产许可证号等，然后清点数量；应对其强度、安定性及其他必要的性能指标进行复验，其质量必须符合现行国家标准的规定。

（2）水泥的28d强度在水泥发出日起32d内由发出单位补报；收货仓库接到试验报告单后，应根据到货通知书等核对品种、强度等级和质量，然后保存试验报告单，以备查考。

（3）当使用中对水泥质量有怀疑或水泥出厂超过3个月（快硬硅酸盐水泥超过1个月）时，应进行复验，并按复验结果使用。

（4）在钢筋混凝土结构、预应力混凝土结构中，严禁使用含氯化物的水泥。

检查数量：按同一生产厂家、同一等级、同一品种、同一批号且连续进场的水泥，袋装不超过200t为一批，散装不超过500t为一批，每批抽样不少于1次。

（5）检验方法：检查产品合格证、出厂检验报告和进场复验报告。

4. 水泥的运输与储存

（1）水泥在运输和储存过程中要保持干燥，不得受潮和混入杂物，不同品种和强度等级的水泥应分别储运。

（2）储存水泥的仓库应注意防潮、防雨水渗漏；存放袋装水泥时，地面垫板要离地300mm，四周离墙300mm；袋装水泥堆垛不宜太高，以免下部水泥受压结硬，一般以10袋为宜，如果存放期短、库房紧张，也不宜超过15袋。

（3）水泥储存时应按照水泥到货先后，依次堆放，尽量做到先存先用。

（4）水泥储存期不宜过长，以免受潮而降低水泥强度；一般水泥储存期为3个月，高铝水泥为2个月，快硬水泥为1个月。

任务2.3 结构材料

2.3.1 混凝土

1. 混凝土的概念与特点

混凝土是指由胶凝材料将集料胶结成整体的工程复合材料的统称。它是由胶凝材料、粗骨料、细骨料与水以及必要的外加剂，按一定比例混合，经搅拌振捣成型，在一定条件下养护而成的人造石材。

混凝土具有许多优点，具体如下。

（1）原材料来源丰富，造价低。混凝土中砂、石体积占比60%～85%，砂、石就地取材混凝土生产能耗低，成本低。

(2) 混凝土拌合物具有很好的可塑性。可浇筑成任意形状、尺寸的结构和构件，使得混凝土结构整体性好、抗震性能好。

(3) 适应性强。变换配合比可配制出满足不同工程要求的混凝土。

(4) 抗压强度高。一般强度为15～60MPa，高强度达到80～100MPa，甚至更高。

(5) 耐久性良好。混凝土在一般环境下不需要维护保养，维修费用低。

(6) 耐火性好。混凝土耐火性远比钢材、木材、塑料好，在数小时的火灾高温条件下混凝土仍可保持较好的力学性能，有利于火灾救援。

混凝土缺点包括以下几点。

(1) 自重大，比强度低。普通混凝土表观密度一般在2400kg/m^{3}左右。

(2) 脆性大，变形能力小易开裂，抗拉强度低。抗拉强度只有抗压强度的1/20～1/8。

(3) 施工及养护对混凝土的性能和质量影响大。

2. 混凝土的分类

1) 按所使用的胶凝材料分

按所使用的胶凝材料分为水泥混凝土、石膏混凝土、水玻璃混凝土、聚合物混凝土和沥青混凝土等。

2) 按体积密度大小分

(1) 普通混凝土主要是指体积密度在2000～2800kg/m^3，骨料为砂、石，是工程中广泛运用的一种，主要适合于房屋建筑、路桥工程、水利工程等。

(2) 重混凝土主要是指体积密度大于2800kg/m^3，骨料的体积密度较大，如重晶石、铁矿石、钢屑配制而成的混凝土，主要用于防射线或耐磨结构物中。

(3) 轻混凝土是指体积密度小于1950kg/m^3，如轻骨料混凝土、大孔混凝土、多孔混凝土等，主要适用于绝热、绝热兼承重或承重材料。

3) 按用途分

按用途可分为结构混凝土、防水混凝土、耐热混凝土、膨胀混凝土、防辐射混凝土、道路混凝土等。

4) 按生产工艺和施工方法分

按照生产方式，混凝土可分为预拌混凝土和现场搅拌混凝土；按照施工方法可分为碾压混凝土、喷射混凝土、挤压混凝土、离心混凝土、泵送混凝土等。

5) 按强度等级分

(1) 低强度混凝土，抗压强度 $f_{cu}<30$MPa。

(2) 中强度混凝土，抗压强度 $30\text{MPa}\leqslant f_{cu}<60$MPa。

(3) 高强度混凝土，抗压强度 $60\text{MPa}\leqslant f_{cu}\leqslant 100$MPa。

(4) 超高强混凝土，抗压强度 $f_{cu}>100$MPa。

混凝土的品种虽然繁多，但在实践工程中还是以普通的水泥混凝土应用最为广泛，如果没有特殊说明，狭义上通常称其为混凝土。

3. 普通混凝土组成材料

普通混凝土(以下简称混凝土)是指由水泥、水、细骨料(砂)、粗骨料(石)等作为基本材料(有时为了改善混凝土的某些性能加入适量的外加剂和掺和料)按适当比例配制,经搅拌均匀而成的浆体,成为混凝土拌合物,再经凝结硬化成为坚硬的人造石材成为硬化混凝土。

混凝土的技术性质在很大程度上是由原材料性质及其相对含量决定的,同时与施工工艺(搅拌、振捣、养护等)有关。因此,只有合理选择材料,并满足一定的技术要求,才能保证混凝土的质量。

1) 水泥

水泥是混凝土组成材料中最重要的材料,也是影响混凝土强度、耐久性、经济性的最重要的因素,应予以高度重视。配制混凝土所用的水泥应符合国家现行标准有关规定。除此之外,在配制时应合理地选择水泥品种和强度等级。

2) 粗骨料

常用的粗骨料为粒径大于 5mm 的碎石和卵石。对其质量要求如下。

(1) 有害杂质尽可能少。

(2) 颗粒形状及表面特征:碎石表面粗糙,拌制的混凝土流动性较差,但与水泥黏结较好,强度较高;卵石表面光滑,在水泥用量和水用量相同的情况下,拌制的混凝土流动性要好,但与水泥的黏结较差,强度较低。

(3) 粗骨料的最大粒径:应在允许的条件下,尽量选用粒径较大的,因为可以减少水泥用量。骨料最大粒径还受结构形式和配筋疏密的限制。对于泵送混凝土,为防止泵送时管道堵塞,最大粒径应符合施工要求。

(4) 颗粒级配:在混凝土中,石子的颗粒级配对其和易性有很大影响,特别是拌制高强度混凝土,石子级配更为重要。

(5) 强度:为保证混凝土的强度要求,粗骨料必须质地致密、具有足够的强度。

3) 细骨料

一般采用天然砂,对其质量要求有以下几个方面。

(1) 有害杂质:配制混凝土的细骨料要求清洁不含杂质,以保证混凝土的质量。

(2) 颗粒形状及表面特征:山砂的颗粒表面粗糙,与水泥黏结较好,拌制的混凝土强度较高,但拌合物的流动性较差;河砂、海砂的颗粒表面光滑,与水泥的黏结较差,拌制混凝土强度较低,但拌合物的流动性较好。

(3) 砂的颗粒级配及粗细程度:在混凝土中,砂粒之间的空隙是由水泥浆填充。为达到节约水泥和提高强度的目的,应尽量减小砂粒之间的空隙。如果是同样粗细的砂搭配,空隙率大,两种粒径的砂搭配,空隙率就减小了;3 种粒径的砂搭配,空隙率就更小些。

4) 混凝土拌合及养护用水

拌合及养护用水不得影响混凝土的和易性及凝结,不得有损混凝土强度的发展,不得降低混凝土的耐久性、加快钢筋腐蚀及导致预应力钢筋脆断,不得污染混凝土表面。

5) 外加剂

拌合混凝土时,掺入用量不超过水泥质量 5%的物质,用以改善混凝土性能。混凝土外加剂的种类繁多,功能多样。

(1) 改善混凝土拌合物流变性能:减水剂、引气剂、泵送剂等。

(2) 调节混凝土凝结时间、硬化性能:缓凝剂、早强剂、速凝剂等。

(3) 改善混凝土耐久性:引气剂、防水剂、阻锈剂等。

(4) 改善混凝土其他性能:膨胀剂、防冻剂、着色剂等。

6) 掺和料

为了节约水泥、改善混凝土性能,在拌制混凝土时掺入的矿物粉状材料,称为掺和料。常用的有粉煤灰、硅粉、磨细矿渣粉、烧黏土、天然火山灰质材料及磨细自然煤矸石,其中粉煤灰的应用最为普遍。

4. 普通混凝土的主要技术性质

混凝土拌合物必须具有良好的和易性,以便于施工,确保获得良好的浇筑质量。混凝土凝结硬化以后,应该具有足够的强度,以保证建筑物能安全地承受设计荷载。还应具有必要的耐久性。

1) 和易性

和易性是指新拌混凝土在施工工艺中,即拌合、运输、灌注、振捣过程中不易分层离析。灌注时易捣实,成型后混凝土均匀密实的一种综合工艺特性。它包括以下 3 个方面的含义。

(1) 流动性,指混凝土拌合物在自身重力作用下或机械振动作用下易于流满(充满)模型的性能。水泥浆稀、多,则拌合物在自身重力作用下或机械振动作用下易于密实成型。

(2) 黏聚性,指混凝土在运输、灌注、捣实过程中的抗离析性。黏聚性的大小主要取决于水泥浆多少和配合比是否合理。拌合物在施工过程中,由于各组分密度不同,表面特征、惯性大小不同,运动阻力不同,当各组分配合不当时则可能导致粗骨料在振动、流动过程中,从水泥砂浆中分离出来,即离析现象。增加水泥浆用量和合理的组分比例可增大其内聚力,阻止离析产生,否则可能导致硬化后混凝土出现蜂窝、麻面等缺陷。

(3) 保水性,指新拌混凝土在运输、灌注、捣实过程中抗泌水的性能。泌水过程则是混凝土中的水由内向外迁移的过程,这使得混凝土抗渗性和抗冻性降低。泌水还会在构件表面形成表面疏松层,如果间断灌注,则会在结构中形成浮浆夹层。另外,在粗骨料和钢筋(水平筋)下方易形成水囊或水膜,使水泥与骨料、钢筋黏结力降低。影响保水性的主要因素是混凝土中细颗粒的含量,如水泥用量、砂率、砂的粗细、矿粉掺合料用量等。保水性也与细颗粒的品种有关,相同的细度但粉煤灰、矿渣、火山灰等却存在不同。

2) 强度

混凝土的强度包括抗压强度、抗拉强度、抗弯强度、抗剪强度及钢筋与混凝土的黏结强度,其中混凝土的抗压强度最大,抗拉强度最小,为抗度等级压强度的 1/10～1/20。抗压强度与其他强度之间有一定的相关性,可根据抗压强度的大小来估计其他强度值。根据国家标准《混凝土物理力学性能试验方法标准》(GB/T 50081—2019)的规定,将混凝土拌合物制作成边长为 150mm 的立方体试件,在标准养护条件[温度(20±2)℃,相对湿度 95%以上]下,养护 28d 测得的抗压强度(平均)值称为混凝土立方体抗压强度,以“f_{cu}”表示。

混凝土强度等级采用符号“C”与立方体抗压强度标准值表示,是混凝土结构设计、施工质量控制和工程验收的重要依据。不同的建筑工程及建筑部位需采用不同强度等级的混凝土,一般有一定的选用范围。

按照国家标准《混凝土结构通用规范》(GB 55008—2021)的规定,结构混凝土强度等级的选用应满足工程结构的承载力、刚度及耐久性需求。对设计工作年限为50年的混凝土结构,结构混凝土的强度等级尚应符合下列规定;对设计工作年限大于50年的混凝土结构,结构混凝土的最低强度等级应比下列规定提高。

(1) 素混凝土结构构件的混凝土强度等级不应低于C20;钢筋混凝土结构构件的混凝土强度等级不应低于C25;预应力混凝土楼板结构的混凝土强度等级不应低于C30,其他预应力混凝土结构构件的混凝土强度等级不应低于C40;钢-混凝土组合结构构件的混凝土强度等级不应低于C30。

(2) 承受重复荷载作用的钢筋混凝土结构构件,混凝土强度等级不应低于C30。

(3) 抗震等级不低于二级的钢筋混凝土结构构件,混凝土强度等级不应低于C30。

(4) 采用500MPa及以上等级钢筋的钢筋混凝土结构构件,混凝土强度等级不应低于C30。

2.3.2　建筑砂浆

建筑砂浆是建筑工程中用量大、用途广的建筑材料。它一方面用于砌体的承重结构,例如基础,墙体等;另一方面也用于建筑物内外表面的抹灰,如墙面、地面和顶棚等的装饰,建筑砂浆由胶凝材料、细骨料和水等材料按适当比例配制而成。细骨料多采用天然砂,胶凝材料一般为水泥、石灰等。

建筑砂浆按用途可分为砌筑砂浆、抹面砂浆、装饰砂浆等,也可按胶凝材料的不同分为水泥砂浆、石灰砂浆、混合砂浆等。

1. 砌筑砂浆

将砖、石等砌块黏结成为砌体的砂浆称为砌筑砂浆。它起着黏结砖、石及砌块构成砌体,传递荷载,并使应力的分布较为均匀,协调变形的作用。因此,砌筑砂浆是砌体的重要组成部分。

新拌砂浆应具有以下性质:①满足和易性要求;②满足设计种类和强度等级的要求;③具有足够的黏结力。

1) 和易性

新拌砂浆应具有良好的和易性。和易性良好的砌筑砂浆容易在粗糙的砖石底面上铺成均匀的薄层,而且能够和底面紧密黏结,既能提高劳动效率,又能保证工程质量。砂浆的和易性包括流动性、稳定性和保水性。

(1) 流动性

流动性也叫稠度,是指砌筑砂浆在自重或外力作用下流动的性能,用沉入度表示。

(2) 稳定性

稳定性是指砂浆拌合物在运输及停放时内部各组分保持均匀、不离析的性质,用分层度表示。

(3) 保水性

保水性是指砌筑砂浆能够保持水分的能力。新拌砂浆在运输、储存和使用过程中,必须保证其中的水分不会很快流失，才能形成均匀密实的砂浆缝，保证砌体的质量。砌筑砂浆的保水性用保水率表示，可用保水性试验测定其保水率。

2）强度

工程上以立方体抗压强度试验来确定砌筑砂浆的强度等级。方法是用一组 3 个边长为 70.7mm 的立方体试件，在标准养护条件下，即温度为(20±2)℃，相对湿度为 90%以上，用标准试验方法测得 28d 龄期的抗压强度。

3）黏结力

砌筑砂浆与砌筑材料黏结力的大小，直接影响砌体的强度、耐久性和抗震性能。一般情况下，砌筑砂浆的抗压强度越高，与砌筑材料的黏结力也越大。此外，砌筑砂浆与砌筑材料的黏结状况和砌筑材料的表面状态、洁净程度、湿润状况、砌筑操作水平、养护条件等因素也有着直接关系。

2. 抹面砂浆

抹面砂浆又称抹灰砂浆，是指涂抹在建筑物或构件表面的砂浆。抹面砂浆有保护结构基层免遭侵蚀、增加美观的作用，有的还有保温、隔热等功能。

抹面砂浆按其功能的不同可分为普通抹面砂浆、装饰抹面砂浆和具有特殊功能的抹面砂浆。

与砌筑砂浆相比，抹面砂浆对强度要求不高，但要求砂浆具有良好的和易性、容易抹成均匀平整的薄层、与基层有足够的黏结力，以保证其在施工、长期自重或环境因素作用下不脱落、不开裂，且不丧失其主要功能。

3. 防水砂浆

用作防水层的砂浆，称为防水砂浆。用防水砂浆做成的防水层也叫刚性防水层，适用于不受振动和具有一定刚度的混凝土或砖石砌体表面，广泛应用于地下建筑和蓄水池等的防水。其施工方法有两种：一种是喷浆法，即利用高压枪将砂浆以 100m/s 的高速喷向建筑物表面，砂浆被高压空气压实后，密实度增大，抗渗性好；另一种是人工多层抹压法，即将砂浆分几层抹压，以减少内部毛细连通孔隙，增大密实度，达到防水效果。

4. 新型砂浆

1）绝热砂浆

绝热砂浆是以水泥等胶凝材料与膨胀珍珠岩、膨胀蛭石、陶粒砂等轻质多孔骨料按一定比例配制成的砂浆。常用的绝热砂浆有水泥膨胀珍珠岩砂浆、水泥膨胀蛭石砂浆、水泥石灰膨胀蛭石砂浆等。绝热砂浆质量轻，具有良好的保温隔热性能，可用于屋面、墙体、冷库、供热管道的保温隔热层。如在绝热砂浆中掺入或在绝热砂浆表面喷涂憎水剂，会进一步提高保温隔热效果。

2）吸声砂浆

与绝热砂浆类似，吸声砂浆也由轻质多孔骨料配制而成，有良好的吸声性能，可用于室内墙壁和吊顶的吸声处理。也可采用水泥、石膏、砂、锯末配制吸声砂浆。还可在石灰、石膏砂浆中掺入玻璃纤维、矿物棉等松软纤维材料配制吸声砂浆。

3）耐酸砂浆

耐酸砂浆通常用于耐酸地面和耐酸容器的内壁，作防护层用。例如，在用水玻璃和氟硅酸钠配制的耐酸涂料中掺入适量石英岩、花岗岩、铸石等制成的粉及细骨料可拌制成耐酸砂浆。

4）防辐射砂浆

防辐射砂浆是在水泥中掺入重晶石粉和重晶石砂配制成的具有防X射线辐射能力的砂浆。在水泥砂浆中掺加硼砂、硼酸等可配制成具有防中子辐射能力的砂浆，用于射线防护工程。

5）聚合物砂浆

聚合物砂浆是在水泥砂浆中加入有机聚合物乳液配制而成，具有黏结力强、干缩小、脆性低、耐腐蚀性好等特性，主要用于提高装饰砂浆的黏结力、填补钢筋混凝土构件的裂缝、用于耐磨及耐腐蚀的修补和防护工程。

2.3.3 建筑钢材

建筑钢材是指建筑工程中使用的各种钢材，主要包括钢结构中使用的各种型钢、钢板、钢管，以及钢筋混凝土结构中使用的各种钢筋、钢丝和钢绞线。此外，门窗和建筑五金等也使用大量钢材。建筑钢材主要用作结构材料，钢材的性能往往对结构的安全起着决定性的作用，因此，应对各种钢材的性能有充分的了解，以便在结构设计和施工中合理地选用。

1. 钢结构建筑的优势

（1）高韧性。和其他的结构类型相比，钢结构预制构件质量轻，截面相对较小，所以钢结构非常适合大跨度的房屋建筑，很多大中型工业厂房新项目采用钢结构。

（2）质量轻。同一经营规模下，用钢骨架轻型板建造的钢结构厂房的质量仅为混凝土厂房的质量的1/4至1/3，能够降低地震的危害程度。

（3）塑性好。钢材具备优良的塑性和延展性。

（4）工业化。现在的钢结构厂房均具备工业化的特性，钢结构厂房建设所用的钢骨架轻型板，一般在加工厂将所需预制板材进行制造，然后再运到施工现场进行拼装，省时省力。

（5）绿色环保。钢结构厂房中大量应用的钢骨架轻型板是节能原材料，钢骨架轻型板材采用无机原料复合而成，既可重复利用，又可回收。

2. 钢材的分类

钢材的分类见图2.3.1。

建筑工程中使用的钢材可划分为钢结构用钢材（型钢）和钢筋混凝土用钢材两大类，型钢主要是指轧制成的各种钢轨、钢板、钢管等，如图2.3.2所示。钢筋混凝土结构中的钢筋，主要由碳素结构钢和低合金高强度结构钢加工而成。钢筋混凝土用的钢材主要是指钢筋或钢丝，钢筋直径一般都相差2mm及以上。一般把直径3～5mm的称为钢丝，直径6～12mm的称为细钢筋，直径大于12mm的称为粗钢筋。钢筋的主要品种有热轧钢筋（按轧制的外形分为热轧光圆钢筋和热轧带肋钢筋，如图2.3.3和图2.3.4所示）、热处理钢筋、冷拉钢筋、冷轧带肋钢筋、冷轧扭钢筋、冷拔低碳钢丝及钢绞线等。

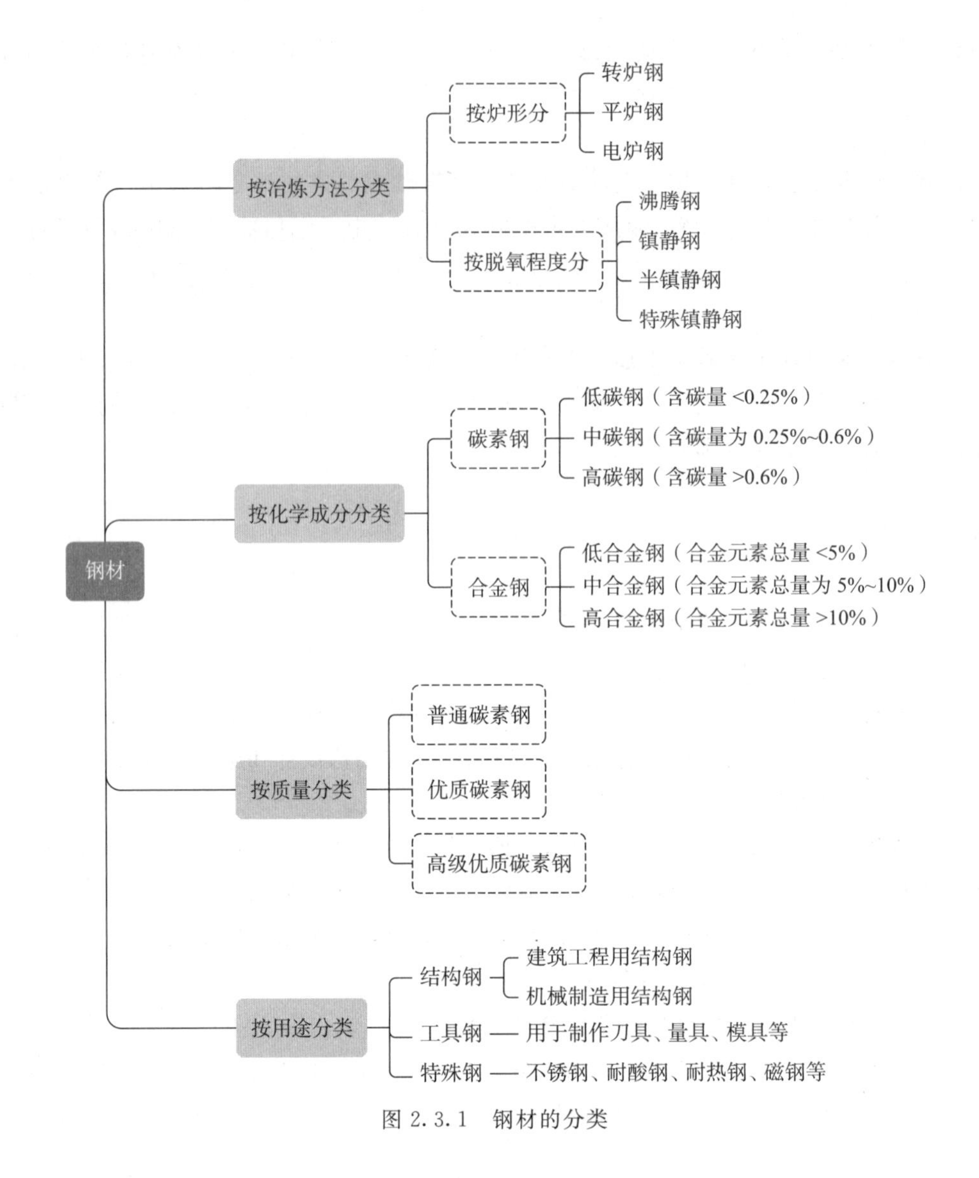

图 2.3.1　钢材的分类

图 2.3.2　型钢

图 2.3.3　热轧光圆钢筋

图 2.3.4　热轧带肋钢筋

3. 钢材的选用原则

钢材的选用一般遵循下列原则。

1）荷载性质

对于经常承受动力和振动荷载的结构，容易产生应力集中，从而引起疲劳破坏，需要选用材质高的钢材。

2）使用温度

对于经常处于低温状态的结构，钢材容易发生冷脆断裂，特别是焊接结构，冷脆倾向更加显著，因而要求钢材具有良好的塑形和低温冲击韧性。

3）连接方式

当温度变化和受力性质改变时，易导致焊缝附近的母材金属出现冷、热裂纹，促使结构早期破坏，因此，焊接结构对钢材的化学成分和机械性能要求更应严格。

4）钢材厚度

钢材力学性能一般随厚度增大而降低，钢材经多次轧制后，钢材内部结晶组织更为紧密，强度更高，质量更好。故一般结构的钢材厚度不宜超过 40mm。

5）结构重要性

选择钢材要考虑结构使用的重要性，如大跨度和重要的建筑物，需相应选择质量更好的钢材。

任务 2.4　墙 体 材 料

2.4.1　砌墙砖

由黏土、工业废料或其他地方资源为主要原料，以不同工艺制成的，在建筑中用于砌筑承重和非承重墙体的砖统称为砌墙砖。砌墙砖有实心砖、多孔砖、空心砖和花格砖。实心砖是没有孔洞或孔洞率小于 15%的砖；孔洞率大于或等于 15%的砖称为空心砖(孔洞率是指砖面上孔洞总面积占砖面积的百分数)，其中孔的尺寸小而数量多者又称多孔砖。砌墙砖根据生产工艺又有烧结砖和非烧结砖之分。经焙烧制成的砖为烧结砖，如黏土砖(N)、页岩碳(Y)、煤矸石砖(M)、粉煤灰砖(F)等；经常压蒸汽养护(或高压蒸汽养护)硬化而成的蒸养砖(如炉渣砖、灰砂砖等)属于非烧结砖。烧结砖根据外形分为烧结普通砖、烧结多孔砖、烧结空心砖等。

1. 烧结普通砖

烧结普通砖是以黏土、页岩、粉煤灰、煤矸石、淤泥等为原料，经成型、干燥、焙烧而制成的实心砖(见图 2.4.1)，在我国砌墙材料产品构成中曾占“绝对统治”地位。不论是从对土地的破坏、资源与能源的耗费，或是对环境的污染等角度来分析，烧结普通砖都不符合可持续发展的要求，因此，近年来，我国大力开发节土、节能、利渣、利废、多功能、有利于环保的各类砌块、蒸养砖等砌筑材料，黏土砖的生产已经禁止。

2. 烧结多孔砖和烧结空心砖

随着高层建筑的发展，建筑材料的自重需减轻。用多孔砖和空心砖代替实心砖可使建筑自重减轻 1/3 左右，节约黏土 20%～30%，节约能耗 10%～20%，且烧成率高，造价降低 20%，施工效率提高 40%，能改善墙体的热工性能。所以，推广使用多孔砖、空心砖有很重要的意义。

1) 烧结多孔砖

烧结多孔砖是以黏土、页岩、煤矸石、粉煤灰、淤泥及其他固体废弃物等为主要原料，经焙烧制成，孔洞率不小于 28%，采用矩形孔或矩形条孔的砖，如图 2.4.2 所示。烧结多孔砖主要用于 6 层以下建筑物的承重墙。

2) 烧结空心砖

烧结空心砖是以黏土、页岩、煤矸石为主要原料，经焙烧而成的孔洞率不小于 35%的空心砖，其孔洞尺寸大、数量少，平行于大面和条面，一般用于砌筑填充墙或非承重墙，如图 2.4.3 所示。

图 2.4.1 烧结普通砖

图 2.4.2 烧结多孔砖

图 2.4.3 烧结空心砖

2.4.2 砌块

砌块是指建筑用的人造块材，外形多为直角六面体，也有各种异形的。砌块系列中主规格尺寸中的长度、宽度和高度，至少有一项或一项以上分别大于 365mm、240mm 或 115mm。但高度不大于长度或宽度的 6 倍，长度不超过高度的 3 倍。

按用途划分为承重砌块和非承重砌块;按产品规格可分为大型(主规格高度大于980mm)、中型(主规格高度为380～980mm)和小型(主规格高度为115～380mm)砌块。按生产工艺可分为烧结砌块和蒸养蒸压砌块。按其主要原料命名,主要品种有普通混凝土砌块、轻骨料混凝土砌块、硅酸盐混凝土砌块、石膏砌块等。

砌块的生产工艺简单,生产周期短;可充分利用地方资源和工业废渣,有利于环境保护;尺寸大,砌筑效率高;通过空心化,可改善墙体的保温隔热性能,是当前大力推广的墙体材料之一。

2.4.3 墙板

墙体板材是指用于墙体的各种建筑板材。随着建筑结构体系的改革和大开间多功能框架结构的发展,各种轻质和复合墙体板材也蓬勃兴起。我国目前可用于墙体的板材品种较多,根据主要的组成材料,可分为水泥类墙板、石膏类墙板和复合墙板,下面分别进行简单介绍。

1. 水泥类墙板

水泥类墙板又主要包括玻璃纤维增强水泥(glass fiber reinforced cement,GRC)轻质多孔墙板、预应力混凝土空心墙板和纤维增强水泥墙板。GRC轻质多孔墙板是以低碱水泥为胶凝材料、抗碱玻璃纤维网格布为增强材料、膨胀珍珠岩为集料(也可用煤渣、粉煤灰等),并加入起泡剂和防水剂等,经配料、搅拌、浇筑成型、脱水、养护制成的水泥类板材。预应力混凝土空心墙板是以高强度低松弛预应力钢绞线、52.5R水泥及砂、石为主要原料,经张拉、搅拌、挤压、养护、放张、切割而制成的水泥类墙用板材。其适用于承重或非承重外墙板、内墙板、楼板、屋面板和阳台板等。纤维增强水泥墙板是以低碱水泥、耐碱玻璃纤维为主要原料,经制浆、成坯、养护等工序制成的薄型平板。其用于各类建筑物的复合外墙和内隔墙,特别是高层建筑有防火、防潮要求的隔墙。

2. 石膏类墙板

石膏类墙板因其平面平整、光滑细腻、装饰性好、具有特殊的呼吸功能、原材料丰富、制作简单等特点,得到广泛使用。石膏类墙板在轻质墙体材料中占有很大比例,主要有纸面石膏板、纤维石膏板、石膏空心板和石膏刨花板等。

3. 复合墙板

用单一材料制成的板材,常因材料本身不能满足墙体的多功能要求,而使其应用受到限制。为具有良好的综合性能,常采用两种或两种以上不同材料组合成多功能的复合墙板。复合墙板主要由承受或传递外力的结构层(多为普通混凝土或金属板)、保温层(矿桶、泡沫塑料、加气混凝土等)及面层(各类具有可装饰性的轻质薄板)组成。复合墙板的优点是使承重材料和轻质保温材料的功能均可得到合理利用。

任务2.5 建筑功能材料

建筑功能材料主要是指担负某些功能的非承重材料,如防水材料、绝热材料、隔声吸声材料、建筑塑料、装饰材料、木材及其制品等。建筑功能材料为人类居住生活提供了更优质的服务。

近年来，建筑功能材料发展迅速，且在三方面有较大的发展：一是注重环境协调性，注重健康、环保；二是复合多功能；三是智能化。

2.5.1 防水材料

防水材料是能够防止雨水、地下水、工业和民用的给排水、腐蚀性液体，以及空气中的湿气、蒸汽等浸入或透过建筑物的各种材料，是建筑工程中不可缺少的主要建筑材料之一。建筑防水材料的性能、质量、品种和规格直接影响建筑工程的结构形式和施工方法，许多建筑物和构筑物的质量在很大程度上取决于建筑防水材料的正确选择和合理使用。

依据防水材料的组成不同，防水材料可分为沥青防水材料、改性沥青防水材料、合成高分子防水材料等。依据防水材料的外观形态，防水材料一般可分为防水卷材、防水涂料、密封材料、刚性防水及堵漏材料四大系列，如表 2.5.1 所示。

表 2.5.1 防水材料的分类

类型	细项
防水卷材	沥青防水卷材
	改性沥青防水卷材
	合成高分子防水卷材
防水涂料	乳化沥青防水涂料
	改性沥青防水涂料
	合成高分子防水涂料
	水泥防水涂料
密封材料	非定形密封材料
	定形密封材料
刚性防水及堵漏材料	防水砂浆
	防水混凝土
	外加剂(防水剂、减水剂、膨胀剂)
	堵漏材料

1. 防水卷材

1）沥青防水卷材

沥青防水卷材是指以沥青材料、胎料和表面撒布防黏材料等制成的成卷材料，又称油毡，常用于张贴式防水层。沥青防水卷材指的是有胎卷材和无胎卷材。凡是用厚纸或玻璃丝布、石棉布、棉麻织品等胎料浸渍石油沥青制成的卷状材料，称为有胎卷材；将石棉、橡胶粉等掺入沥青材料中，经碾压制成的卷状材料称为辊压卷材即无胎卷材。沥青防水卷材成本低，拉伸强度和延伸率低，温度稳定性差，高温易流淌，低温易脆裂；耐老化性较差，使用年限短，属于低档防水卷材。

2）改性沥青防水卷材

沥青具有良好的塑性，能加工成良好的柔性防水材料。但沥青耐热性与耐寒性较差，即高温下强度低，低温下缺乏韧性，表现为高温易流淌，低温易脆裂。为此，常添加高分子的聚合物对沥青进行改性。高分子的聚合物分子和沥青分子相互扩散、发生缠结，形成凝聚的网络混合结构，因而具有较高的强度和较好的弹性。

3）合成高分子防水卷材

合成高分子防水卷材是以合成橡胶、合成树脂或它们两者的共混体为基材，加入适量的化学助剂、填充料等，经过塑炼、混炼、压延或挤出成型、硫化、定型、检验、分卷、包装等工序加工制成的无胎防水材料。其具有抗拉强度高、断裂延伸率大、抗撕裂强度好、耐热耐低温性能优良、耐腐蚀、耐老化、单层施工及冷作业等优点。

2. 防水涂料与密封材料

1）防水涂料

溶剂型改性沥青防水涂料是以沥青、溶剂、改性材料、辅助材料所组成，主要用于防水、防潮和防腐，其耐水性、耐化学侵蚀性均好，涂膜光亮平整，丰满度高。其主要品种有：再生橡胶沥青防水涂料、氯丁橡胶沥青防水涂料、丁基橡胶沥青防水涂料等，均为较好的防水涂料。近年来，大力推广和应用的是水乳型沥青防水涂料。

2）密封材料

改性沥青基嵌缝油膏密封材料是以沥青为基料，加入废橡胶粉等改性材料、稀释剂及填充料等混合制成的冷用膏状材料。其具有优良的防水防潮性能，黏结性好，延伸率高，能适应结构的适当伸缩变形，能自行结皮封膜，可用于嵌填建筑物的水平、垂直缝及各种构件的防水，使用很普遍。

3. 防水材料的选用

选用防水材料是防水设计的重要一环，具有决定性的意义。现在材料品种繁多，形态不一，性能各异，价格高低悬殊，施工方式也各不相同。这就要求选定的防水材料必须适应工程要求：工程地质水文、结构类型、施工季节、当地气候、建筑使用功能及特殊部位等，对防水材料都有具体要求。

2.5.2 装饰材料

1. 装饰材料的基本要求及选用

建筑装饰材料是指用于建筑物表面（墙面、柱面、地面及顶棚等），起装饰效果的材料，也称饰面材料。建筑装饰材料不仅能改善室内外的艺术环境，使人们得到美的享受，同时还兼有绝热、防潮、防火、吸声、隔声等多种功能，起着保护建筑物主体结构，延长其使用寿命以及满足某些特殊要求的作用，是现代建筑中不可缺少的一类材料。室外装饰的目的主要是美化建筑物和环境，并起到保护建筑物的作用。建筑材料的选用，应综合考虑以下几个因素。

1）环保健康

在选择装饰材料时，环保健康是最重要的考虑因素之一。应该选择符合国家环保标准、无毒无害、低甲醛释放的材料，以保证室内空气质量，维护居住者的身体健康。

2）耐久性

耐久性是衡量装饰材料质量的重要指标。应选择能够经受住长时间使用、耐磨损、不易老化的材料，以保持室内装饰的美观度和舒适度。

3）耐水性

装饰材料应具有良好的耐水性，以防止因水分渗透而导致的损坏。在潮湿的环境中，应选择防水性能好的材料，以保证装饰的稳定性和使用寿命。

4）耐火性

耐火性是装饰材料必须具备的特性之一。在选择材料时，应选择具有阻燃性能的材料，以降低火灾风险，保障生命财产安全。

5）耐磨性

对于经常接触人或物的地方，如地面、墙面等，应选择耐磨性好的材料，以减少磨损和划痕，保持装饰的美观度。

6）易清洁性

选择易于清洁的装饰材料，可以降低清洁和维护的成本和工作量，提高居住者的生活便利性。

7）美感与质感

装饰材料的美感与质感对于室内环境的整体氛围和舒适度有着重要影响。应选择具有美观大方、质感良好的材料，以提升室内环境的品质和舒适度。

8）经济性

在满足以上要求的前提下，应选择性价比高的装饰材料，以降低装修成本，提高经济效益。同时，也要注意材料的可持续性和环保性，以实现经济效益和环保效益的平衡。

2. 陶瓷类装饰材料

陶瓷通常是指以黏土为原料，经过原料处理、成型、焙烧而成的无机非金属材料。根据所用原料和坯体致密程度的不同，陶瓷可分为陶器、炻器和瓷器三大类。常见的陶瓷类装饰材料有内墙面砖、墙地砖、陶瓷锦砖、建筑琉璃制品。

3. 天然与人造石材

石材是装饰工程中常用的高级装饰材料之一，分天然石材和人造石材。天然石材主要有大理石和花岗石两大类。大理石主要用于室内装修；花岗石主要用于室外装修，也可用于室内装修。

人造石材具有天然石材的质感，色泽鲜艳、花色繁多、装饰性好；质量轻、强度高；耐腐蚀、耐污染；可锯切、钻孔，施工方便。它适用于墙面、门套或柱面装饰，也可用作台面及各种卫生洁具，还可加工成浮雕、工艺品等。

4. 金属类装饰材料

在现代建筑装饰工程中，金属装饰制品用得越来越多，如柱子外包不锈钢板或铜板、墙面和顶棚镶贴铝合金板、楼梯扶手采用不锈钢管或铜管、用铝合金做门窗等。由于金属装饰制品坚固耐用，装饰表面具有独特的质感，同时还可制成各种颜色，表面光泽度高、装饰性好，且安装方便，因此，在一些装饰要求较高的公共建筑中，都在不同程度上应用了金属装饰制品进行装修。

5. 涂料装饰材料

涂料装饰材料主要包括乳胶漆、水性涂料、UV涂料等。乳胶漆是最常用的内墙装饰材料之一，具有干燥速度快、耐水性好等特点；水性涂料具有环保性能高、无毒无味等特点；UV涂料则具有干燥速度快、耐候性好等特点，适用于各种室外装饰。

6. 玻璃装饰材料

玻璃装饰材料主要包括普通玻璃、钢化玻璃、夹层玻璃等。普通玻璃具有透明度高、化学稳定性好等特点；钢化玻璃则具有强度高、耐冲击性好等特点；夹层玻璃则具有抗穿透能力强、隔音效果好等特点，适用于各种建筑装饰工程中。

7. 木质装饰材料

木质装饰材料作为一种传统的装饰材料，在室内装修中具有广泛的应用。它不仅能够为室内空间增添自然的氛围，还能够提供良好的保温和声音隔离效果。常见的木质装饰材料有实木地板、人造木地板、木质墙板、木质吊顶、木质家具、木质门窗、木质楼梯等。

木质装饰材料在室内装修中起着重要的作用。不同种类的木质装饰材料可以满足不同的装修需求，同时也能够为室内空间增添自然和温暖的氛围。在选择木质装饰材料时，应考虑材质、颜色、款式和质量等因素，以满足个性化的装修需求。

2.5.3 绝热、吸声材料

1. 绝热材料

在建筑工程中，习惯把用于控制室内热量外流的材料叫作保温材料；把防止室外热量进入室内的材料叫作隔热材料。保温隔热材料统称为绝热材料。绝热材料主要用于围护结构。围护结构(墙体、屋盖、地面)是由各种建筑材料组合而成的，不同的建筑材料的导热系数和比热是设计建筑物围护结构、进行热工计算的重要参数。选用导热系数小而比热大的建筑材料，可以提高围护结构的绝热性能并保持室内温度的稳定性。

选择合适的绝热材料的基本要求：绝热材料最基本的性能要求是导热性低；导热系数不宜大于0.23W/(m·K)，表观密度不宜大于600kg/m^3，抗压强度应大于0.3MPa。另外，还要根据工程的特点，考虑材料的吸湿性、温度稳定性、耐腐蚀性等性能。

常用的绝热材料按成分可分为无机和有机两大类，按照结构形式又可分为纤维状材料、散粒状材料和多孔材料。无机绝热材料是用矿物质原料做成的呈松散状、纤维状或多孔状的材料，可加工成板、卷材或套管等形式的制品。有机绝热材料是用有机原料(如各种树脂软木、木丝、刨花等)制成的。有机绝热材料的密度一般小于无机绝热材料。无机绝热材料不腐烂、不燃，有些材料还能抵抗高温，但密度较大。有机绝热材料吸湿性大，易受潮、腐烂，高温下易分解变质或燃烧(一般温度高于120℃时就不宜使用)，堆积密度小，原料来源广，成本较低。工程中常用的有无机纤维状绝热材料、无机散粒状绝热材料、无机多孔绝热材料、有机绝热材料等。

2. 吸声材料

对空气中传播的声能有较大程度吸收作用的材料，称为吸声材料。吸声材料多为蓬松状材料，它的穿孔透气作用使它具有很好的吸声性能。吸声材料在音乐厅、影剧院、录音室、演播厅等公众场所中大量使用，不仅可以减少环境噪声污染，而且能适当地改善音质，获得良好的音质效果。在声音传播的过程中，隔声材料能够阻挡声音穿透，达到阻止噪声传播的目的。

选用吸声材料的基本要求有以下3方面。

(1) 为发挥吸声材料的作用，必须选择气孔开放且互相连通的材料，开放、连通的气孔越多，吸声性能越好，这与保温绝热材料有着完全不同的要求。同样是多孔材料，但由于使用功能不同，对气孔的要求也不同，保温绝热材料要求有封闭的，不连通的气孔。

(2) 大多数吸声材料强度较低，吸湿性较大，安装时应考虑到减少材料受碰撞的机会和因吸湿引起的胀缩影响。

(3) 应尽可能选用吸声系数较高的材料，以便使用较少的材料达到较好的效果。

任务2.6 绿色建材

随着全球环境问题的日益严重，绿色建筑成为建筑行业的重要发展方向。绿色建筑材料作为绿色建筑的核心组成部分，对于提高建筑能效、降低环境污染、改善室内环境质量具有重要意义。

2.6.1 绿色建筑与绿色建材的定义

1. 绿色建筑

绿色建筑也称生态建筑、生态化建筑、可持续建筑。《绿色建筑评价标准》(GB/T 50378—2019)将绿色建筑定义为在建筑的全寿命周期内，最大限度地节约资源(节能、节地、节水、节材)，保护环境和减少污染，为人们提供健康、适用和高效的使用空间，与自然和谐共生的建筑。

拓展知识4
《绿色建筑评价标准》
(GB/T 50378—2019)

绿色建筑的内涵包括以下3方面。

(1) 减少各种资源的浪费，节能、节地、节水、节材。

(2) 包括从材料开采、加工运输、建造、使用维修、更新改造直到最后拆除的整个建筑生命周期内各个阶段对生态环境的保护，与自然和谐共生。

(3) 满足人们使用上的要求，为人们提供“健康”“适用”和“高效”的使用空间。

绿色建筑评价应遵循因地制宜的原则，结合建筑所在地域的气候、环境、资源、经济和文化等特点，对建筑全寿命期内的安全耐久、健康舒适、生活便利、资源节约、环境宜居5类指标等性能进行综合评价。

2. 绿色建材

绿色建材又称生态建材、环保建材和健康建材，是指采用清洁生产技术、少用天然资源和能源、大量使用工业或城市固态废物生产的无毒害、无污染、无放射性、有利于环境保护和人体健康的建筑材料。绿色建材不是指单独的建材产品，而是对建材“健康、环保、安全”品性的评价。它注重建材对人体健康和环保所造成的影响及安全防火性能。它具有消磁、消声、调光、调温、隔热、防火、抗静电的性能，并具有调节人体机能的特种新型功能建筑材料。

2.6.2 绿色建材的特征

绿色建材与传统建材相比可归纳为具有以下5个基本特征。

(1) 其生产所用原料尽可能少用天然资源，大量使用尾渣、垃圾、废液等废弃物。

(2) 采用低能耗制造工艺和无污染环境的生产技术。

(3) 在产品配制或生产过程中，不得使用甲醛、卤化物溶剂或芳香族碳氢化合物，产品中不得含有汞及其化合物的颜料和添加剂。

(4) 产品的设计是以改善生产环境、提高生活质量为宗旨，即产品不仅不损害人体健康，而应有益于人体健康，产品具有多功能化，如抗菌、灭菌、防霉、除臭、隔热、阻燃、调温、调湿、消磁、防射线、抗静电等。

(5) 产品可循环或回收利用，无污染环境的废弃物。

绿色建材满足可持续发展的需要，做到了发展与环境的统一，现代与长远的结合。既满足现代人的需要，安居乐业、健康长寿，又不损害后代人对环境、资源的更大需求。

2.6.3 绿色建材发展的必要性

建筑材料作为经济发展的物质基础和先导，为社会带来了巨大财富，加快了人类文明的进程。然而，从资源、能源和环境的角度分析，传统建筑材料(主要是指水泥、混凝土、黏土砖及产生污染的化学建材)的生产和使用不仅是矿产资源和能源的主要消耗者，而且也是人类生存空间的主要争夺者，是人居环境污染的重要责任者。人们为改善居住条件一直在不懈地进行着努力，人们对居室的要求不再是遮风避雨、维持生存，而是追求更为舒适和有利于身心健康，从传统的砖瓦灰砂石到如今令人眼花缭乱的各种新型建材就是很好的证明。然而，传统装修材料散发出大量的有害物质和有毒气体，致使出现了很多装修病，轻则使人气喘、胸闷，重则感染、发烧、呕吐甚至诱发病变。人造板及107胶中的甲醛，油漆中的苯、二甲苯及氯乙烯已被国际癌症研究中心定为人的致癌物。这些物质在表干后仍缓慢释放，在室内通风不良的情况下浓度较高，且往往得不到重视，危害很大。铅及铬等重金属盐类或氧化物是颜料、油漆、涂料的重要成分，它们对神经系统、心血管系统，尤其对婴幼儿的智力影响很大。花岗岩等石材及新拌混凝土可使居室氡浓度增加，氡气体是形成肺癌的重要原因。

随着人们健康意识的增强，人们对建筑材料及产品的性能和指标开始提出更高的要求，希望能使用对人体无害，甚至有益的“绿色建材”。同时，绿色建材是实现建材工业可持续发展的保证；发展绿色建筑必须从绿色建材做起；发展绿色建材对于建设节约型社会具有重要意义。绿色建材的发展，是一个完整的系统，必须从产品的设计、产品的生产、产品的标准、产品的评价、产品的认证、产品的应用，建立起完整的体系，并在政策上对绿色建材产品体系的建立给予必要的支持。

实操任务

了解民用建筑材料任务单

专业班组		组长		日期	
任务目标	能识别常用建筑材料的种类并能描述其功能、特点；增强学习者安全与质量意识，提升学习者信息收集能力、归纳能力与沟通表达能力				
工作任务	绿色家装材料调查				
任务要求	1. 上网(课内)查询/打电话、走访(课外)当地建材家装市场，了解绿色家装材料的类型、功能、特点等； 2. 撰写绿色家装材料调研报告(Word 形式)，内容包括但不限于：什么是绿色装修、绿色装修的注意事项、绿色装修攻略、室内装修可能的污染源、室内装修污染处理方法、绿色家庭装修材料应用、绿色家装材料发展趋势等； 3. 将调研报告上的内容，整理成 PPT，课上分组汇报交流				
任务评价	评 价 标 准			分值(满分 100 分)	
	PPT 制作精美，内容完整规范，逻辑清晰			20	
	调研充分，资料丰富			20	
	绿色家装材料介绍详略得当			20	
	内容正确、合理			20	
	小组成员团结协作度高			20	

思考练习

一、填空题

1. 材料的强度，是指材料在________作用下不破坏时所能承受的最大应力。根据受力形式，材料的强度分为________强度、________强度、抗弯强度、抗剪强度 4 种。

2. 经过一系列物理化学反应变化后，能够产生凝结硬化，将块状材料和颗粒材料胶接成一个整体的材料是________。

3. 普通混凝土由水泥、________、________和________所组成。为改善混凝土的某些性能，还常加入适量的________和________。

4. 建筑砂浆按用途可分为________砂浆、抹面砂浆、装饰砂浆等。

二、单项选择题

1. 材料在外力作用下产生变形，当外力去除后能完全恢复到原始性质的性质称为(　　)。

A. 弹性　　B. 塑性　　C. 脆性　　D. 韧性

2. 建筑中常用的混凝土是指(　　)。

A. 聚合物混凝土　　B. 沥青混凝土　　C. 石膏混凝土　　D. 水泥混凝土

3. 属于石灰的特点是(　　)。

A. 凝结硬化慢　　B. 属于水硬性胶凝材料

C. 可以在潮湿环境使用　　D. 硬化后体积产生微膨胀

4. 石灰、石膏均属(　　)胶凝材料。

A. 有机　　B. 水硬性　　C. 无机气硬性　　D. 有机水硬性

5. 与传统的沥青防水材料相比较,合成高分子防水卷材的特点有(　　)。

A. 拉伸强度和抗撕裂强度高　　B. 断裂伸长率小

C. 抗变形能力差　　D. 耐腐蚀、耐老化能力差

要点小结

本学习情境主要介绍建筑工程材料的基本性质和胶凝材料、结构材料、墙体材料、功能材料和绿色建材的种类、功能、特性等内容。旨在帮助学习者掌握各种(类)材料的性质、功能并学会正确、合理选择与应用建筑材料。

学习情景2
思考练习题答案

学习情景3　识读建筑施工图

思维导图

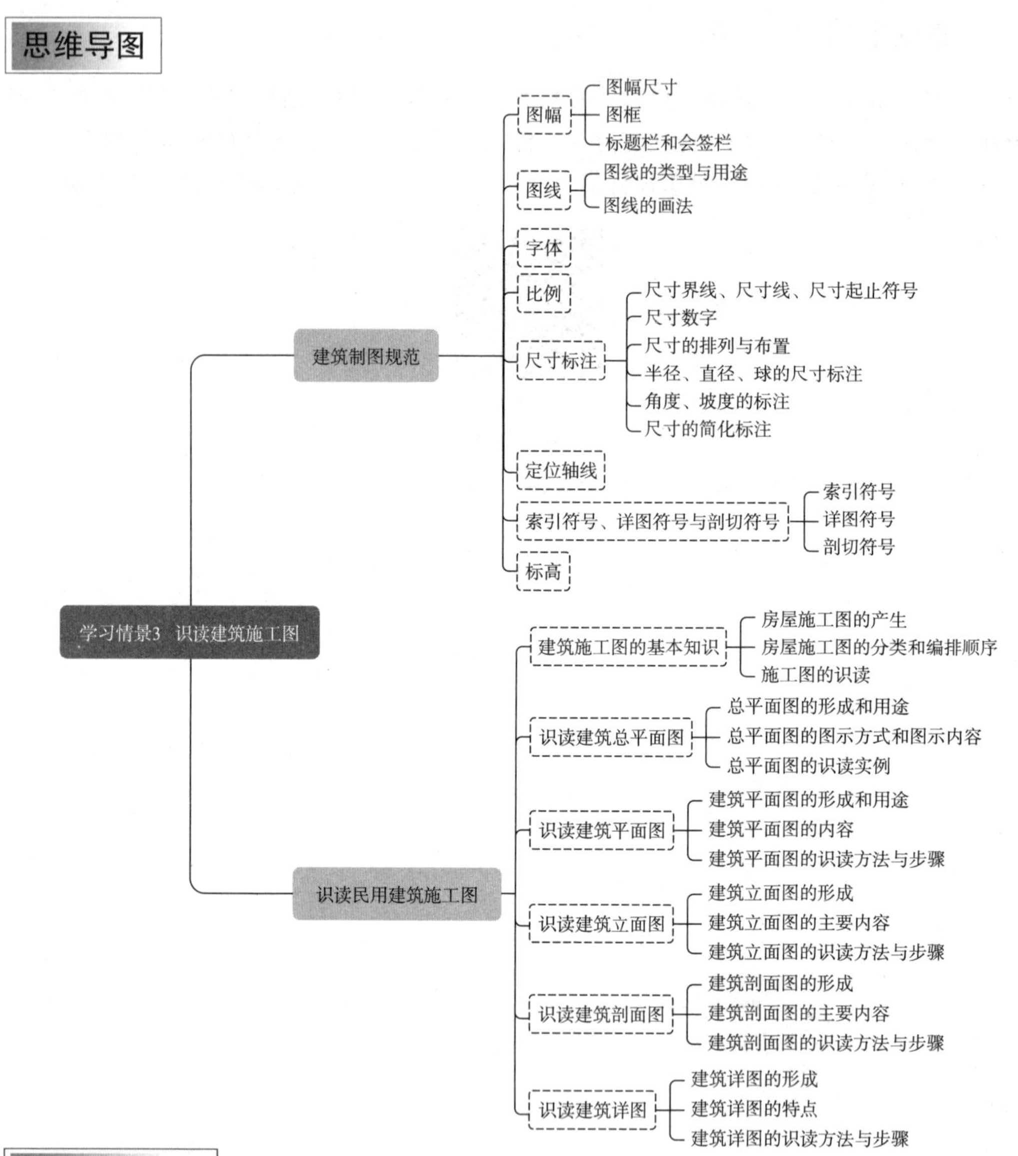

学习情景描述

作为物业管理人员，为了更好地进行前期介入、物业承接查验、装修与维修管理、车位管理、房屋租售等工作，应学会识读建筑施工图。房屋建筑图主要表达建筑物的形状、大小、构造及有关技术要求等内容，是表达设计意图、交流技术和指导施工的重要工具。通过此情景学习，学习者可以了解建筑制图规范，能识读建筑施工图。

学习目标

1. 掌握建筑制图的基本知识；
2. 理解建筑施工图的组成部分，掌握识图的方法和步骤；
3. 能识读建筑施工图。

案例引入

扫描二维码，阅读案例“建筑师贝聿铭与香山饭店”。思考回答以下问题。

1. 这个案例对你有什么启发？从建筑师贝聿铭身上，我们学到了什么？
2. 谈谈你对“建筑应注重天人合一、顺应自然、尊重历史文化”理念的理解。

案例3
建筑师贝聿铭与香山饭店

拓展知识5
《房屋建筑制图统一标准》(GB/T 50001—2017)

任务3.1 建筑制图规范

为了使制图规范，保证制图质量，提高制图效率，做到图面清晰、简明，以及满足设计、施工、管理和技术交流等要求，制图时必须严格遵守制图国家标准。

3.1.1 图幅

图幅是图纸幅面的简称，是图纸宽度与长度组成的图面。为便于制图、使用和管理，规定图样均应绘制在一定图幅和格式的图纸上。

1. 图幅尺寸

图幅基本尺寸规定有5种，其代号分别为A0、A1、A2、A3和A4。图纸的幅面及图框尺寸，如表3.1.1及图3.1.1、图3.1.2所示。

表3.1.1 幅面及图框尺寸 单位：mm

尺寸代号	幅面代号				
	A0	A1	A2	A3	A4
$b \times l$	841×1189	594×841	420×594	297×420	210×297
c	10			5	
a	25				

注：表中 b 为幅面短边尺寸，l 为幅面长边尺寸，c 为图框线与幅面线间宽度，a 为图框线与装订边间宽度。

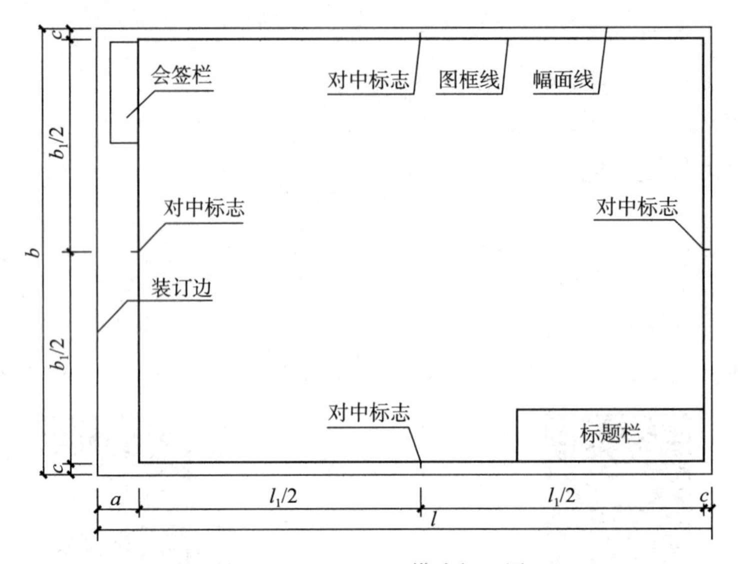

图 3.1.1 A0～A3 横式幅面图

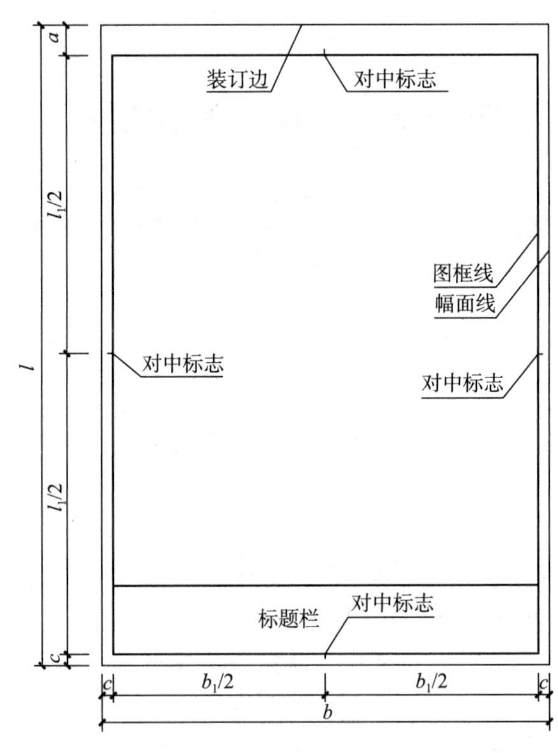

图 3.1.2 A0～A4 立式幅面

2. 图框

图框是指绘图范围的界线。建筑制图一般采用留装订边的图框格式，图纸以短边作为垂直边称为横式，以短边作为水平边称为立式。一般 A0～A3 图纸宜横式使用；必要时也可立式使用，A4 必须立式使用。一个工程设计中，每个专业所使用的图纸一般不宜多于两种幅面，无论哪种格式的图纸，其图框线均应采用粗实线绘制。

3. 标题栏和会签栏

每张图样上都必须画出标题栏。标题栏表达了图名、图号、比例、设计人、审核人、单位等多方面的信息，是工程图纸上不可缺少的一项内容。标题栏一般位于图纸的右边和下方，如图 3.1.3 所示。需要各相关工种负责人会签的图纸，还设有会签栏，如图 3.1.4 所示。

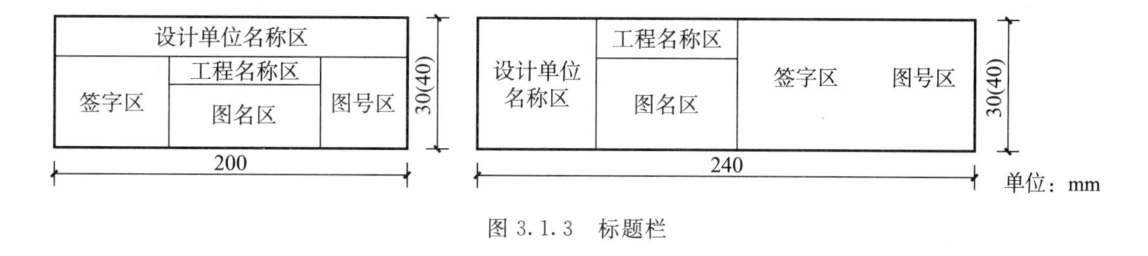

图 3.1.3 标题栏

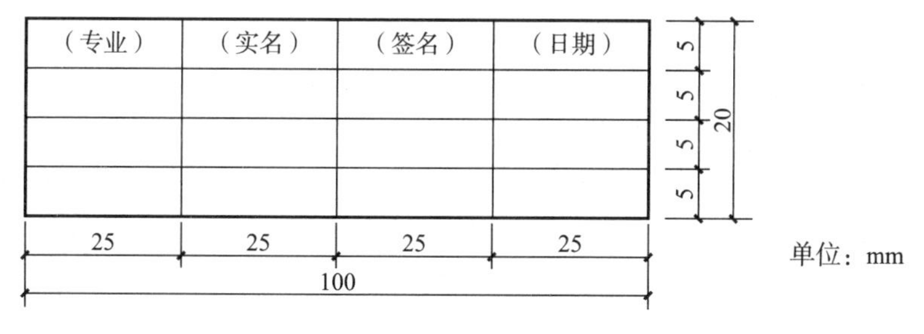

图 3.1.4 会签栏

3.1.2 图线

1. 图线的类型与用途

图线有实线、虚线、点画线、折断线、波浪线等，不同的情况必须使用不同的线型、粗细。常用图线如表 3.1.2 所示。

表 3.1.2 常用图线

名称		线型	线宽	用途
实线	粗	————	b	主要可见轮廓线
	中粗	————	$0.7b$	可见轮廓线、变更云线
	中	————	$0.5b$	可见轮廓线、尺寸线
	细	————	$0.25b$	图例填充线、家具线
虚线	粗	— — — —	b	见各有关专业制图标准
	中粗	— — — —	$0.7b$	不可见轮廓线
	中	- - - - -	$0.5b$	不可见轮廓线、图例线
	细	- - - - -	$0.25b$	图例填充线、家具线

续表

名　称		线　型	线宽	用　　途
单点长画线	粗	——·——·——	b	见各有关专业制图标准
	中	——·——·——	$0.5b$	见各有关专业制图标准
	细	——·——·——	$0.25b$	中心线、对称线、轴线等
双点长画线	粗	——··——··——	b	见各有关专业制图标准
	中	——··——··——	$0.5b$	见各有关专业制图标准
	细	——··——··——	$0.25b$	假想轮廓线、成型前原始轮廓线
折断线	细	——\/——	$0.25b$	断开界线
波浪线	细	～～～	$0.25b$	断开界线

图线的基本线宽 b，宜按照图纸比例及图纸性质从 1.4mm、1.0mm、0.7mm、0.35mm 线宽系列中选取。每个图样，应根据复杂程度与比例大小，先选定基本线宽 b，再选用表 3.1.3 中相应的线宽组。

表 3.1.3　线宽组　　单位：mm

线宽比	线宽组			
b	1.4	1.0	0.7	0.5
$0.7b$	1.0	0.7	0.5	0.35
$0.5b$	0.7	0.5	0.35	0.25
$0.25b$	0.35	0.25	0.18	0.13

注：①需要缩微的图纸，不宜采用 0.18mm 及更细的线宽。②同一张图纸内，各不同线宽中的细线，可统一采用较细的线宽组的细线。

2. 图线的画法

(1) 相互平行的图例线，其净间隙或线中间隙不宜小于 0.2mm。

(2) 虚线、单点长画线或双点长画线的线段长度和间隔，宜各自相等。

(3) 单点长画线或双点长画线，当在较小图形中绘制有困难时，可用实线代替。

(4) 单点长画线或双点长画线的两端，不应采用点。点画线与点画线交接或点画线与其他图线交接时，应采用线段交接。

(5) 虚线与虚线交接或虚线与其他图线交接时，应采用线段交接。虚线为实线的延长线时，不得与实线相接。

(6) 图线不得与文字、数字或符号重叠、混淆，不可避免时，应首先保证文字的清晰。

3.1.3　字体

图纸上所需书写的文字、数字或符号等，均应笔画清晰、字体端正、排列整齐；标点符号应清楚正确。文字的字高，应从表 3.1.4 中选用。字高大于 10mm 的文字宜采用 True type 字体，如需书写更大的字，其高度应按 $\sqrt{2}$ 的倍数递增。

表 3.1.4　文字的字高　　单位：mm

字体种类	汉字矢量字体	True type 字体及非汉字矢量字体
字高	3.5、5、7、10、14、20	3、4、6、8、10、14、20

图样及说明中的汉字，宜优先采用 True type 字体中的宋体字型，采用矢量字体时应为长仿宋体字型。同一图纸字体种类不应超过两种。矢量字体的宽高比宜为 0.7，且应符合表 3.1.5 的规定，打印线宽宜为 0.25～0.35mm；True type 字体宽高比宜为 1。大标题、图册封面、地形图等的汉字，也可书写成其他字体，但应易于辨认，其宽高比宜为 1。

表 3.1.5　长仿宋体字宽度与高度的关系　　单位：mm

字高	20	14	10	7	5	3.5
字宽	14	10	7	5	3.5	2.5

3.1.4　比例

图样的比例是指图形与实物相对应的线性尺寸之比。比例的大与小，是指比值的大与小。比值大于 1 的比例，称为放大的比例。比值小于 1 的比例，称为缩小的比例。一般情况下，一个图样应选用一种比例。根据专业制图需要，同一图样可选用两种比例。比例宜注写在图名的右侧，字的底线应取平；比例的字高，应比图名的字高小 1 号或 2 号。建筑工程图上常采用缩小的比例，见表 3.1.6。

表 3.1.6　绘图所用的比例

常用比例	1∶1、1∶2、1∶5、1∶10、1∶20、1∶30、1∶50、1∶100、1∶150、1∶200、1∶500、1∶1000、1∶2000
可用比例	1∶3、1∶4、1∶6、1∶15、1∶25、1∶40、1∶60、1∶80、1∶250、1∶300、1∶400、1∶600、1∶5000、1∶10000、1∶20000、1∶50000、1∶100000、1∶200000

3.1.5　尺寸标注

尺寸的组成：尺寸界线、尺寸线、尺寸起止符号、尺寸数字，如图 3.1.5 所示。

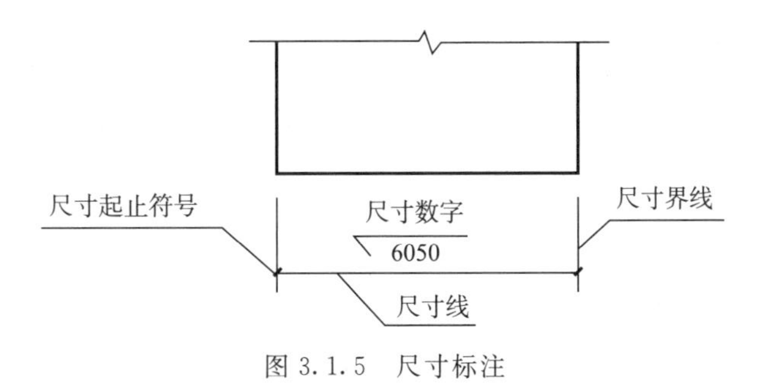

图 3.1.5　尺寸标注

1. 尺寸界线、尺寸线、尺寸起止符号

尺寸界线应用细实线绘制，一般与被注线段垂直，一端应离开图样轮廓线不小于2mm，另一端宜超出尺寸线2～3mm。图样轮廓线可作尺寸界线。

尺寸线应用细实线绘制，与被注线段平行。图样任何图线都不能作尺寸线。

尺寸起止符号一般用中粗斜短线绘制。其倾斜方向应与尺寸界线成顺时针45°角，长度宜为2～3mm。半径、直径、角度、弧长用箭头。

2. 尺寸数字

尺寸数字一般依其方向写在靠近尺寸线的上方或左方。尺寸数字一般应注写在靠近尺寸线的上方中部。如果没有足够的位置，最外边的尺寸数字可注写在尺寸界线的外侧。中间相邻的尺寸数字可错开注写，尺寸数字应按国标要求书写，并且水平方向字头向上、垂直方向字头向左。

3. 尺寸的排列与布置

尺寸宜在图样轮廓以外，不宜与图线、文字及符号等相交(断开相应图线)。

相互平行的尺寸线应沿被注写的图样轮廓线由近向远，小尺寸在内，大尺寸靠外，整齐排列。图样轮廓以外的尺寸界线距图样最外轮廓线之间的距离不小于10mm，平行排列的尺寸线的间距宜为7～10mm，全图一致，如图3.1.6所示。

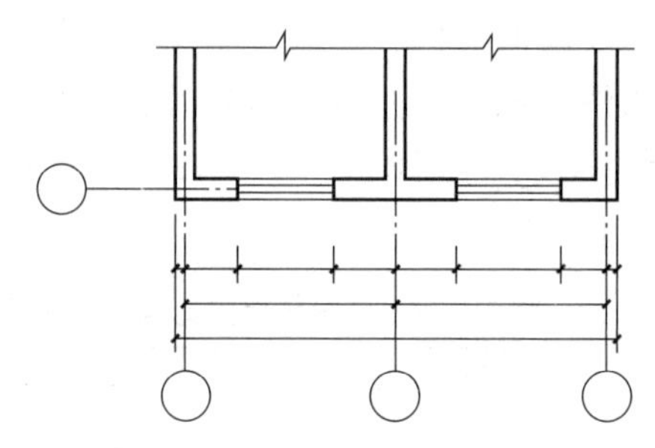

图3.1.6 尺寸线的排列与布置

4. 半径、直径、球的尺寸标注

半径的尺寸线应一端从圆心开始，另一端画箭头指向圆弧。半径数字前加注半径符号“*R*”。

圆的直径尺寸前标注直径符号“*ϕ*”，圆内标注的尺寸线应通过圆心，两端画箭头指至圆弧，如图3.1.7所示。标注球的半径、直径时，应在尺寸前加注符号“*S*”，即“*SR*”“*Sϕ*”，注写方法同圆弧半径和圆直径。

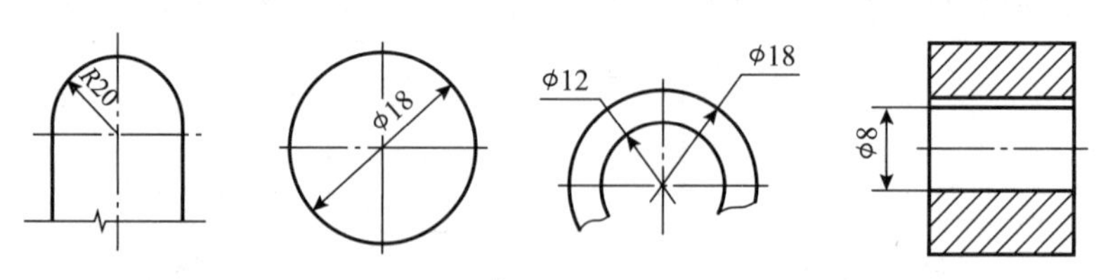

图3.1.7 半径和直径的标注

5. 角度、坡度的标注

角度的尺寸线应以圆弧表示。此圆弧的圆心应是该角的顶点，角的两条边为尺寸界线。起止符号用箭头，若没有足够位置画箭头，可用圆点代替。角度数字应按水平方向注写,如图 3.1.8(a)所示。

标注圆弧的弧长时,尺寸线为与该圆弧同心的圆弧线,尺寸界线垂直于该圆弧的弦,起止符号用箭头表示。弧长数字上方应加圆弧符号"⌒",如图 3.1.8(b)所示。

标注圆弧的弦长时,尺寸线为平行于该弦的直线,尺寸界线垂直于该弦,起止符号用中粗斜短线表示,如图 3.1.8(c)所示。

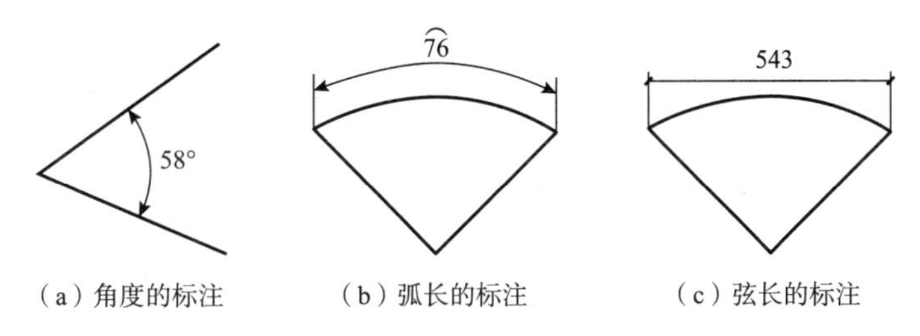

图 3.1.8 角度、弧长和弦长的标注

标注坡度时,应加注坡度符号"←"或"⤎",如图 3.1.9(a)、(b)所示;箭头指向下坡方向,如图 3.1.9(c)、(d)所示;也可用直角三角形标注,如图 3.1.9(e)、(f)所示。

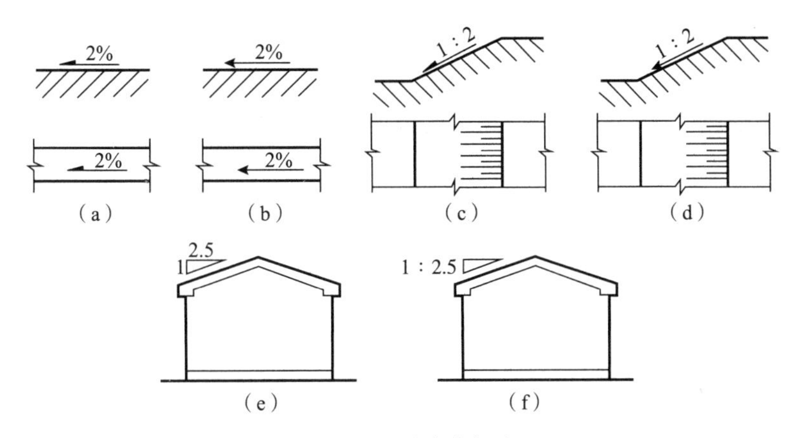

图 3.1.9 坡度的标注

6. 尺寸的简化标注

等长尺寸简化标注方法如图 3.1.10 所示。

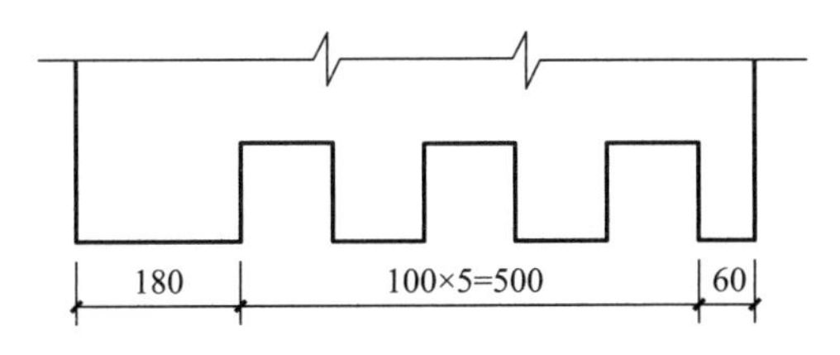

图 3.1.10 等长尺寸简化标注方法

3.1.6 定位轴线

定位轴线是确定建筑物主要结构构件位置及其标志尺寸的基准线,同时也是施工放线的依据。用于平面时称平面定位轴线，用于竖向时称竖向定位轴线。

定位轴线应用细点画线绘制，定位轴线应编号，编号应注写在轴线端部的圆内。圆应用 0.25b 线宽的实线绘制，直径为 8～10mm。定位轴线圆的圆心，应在定位轴线的延长线上或延长线的折线上。

横向定位轴线用阿拉伯数字从左至右顺序编写，竖向定位轴线用大写的英文字母从下至上顺序编写，其中 O、I、Z 不用，复杂图形可分区编号，如图 3.1.11 所示。如字母数量不够使用，可增用双字母或单字母加数字注脚，如 AA、BA、YA 或 A_1，B_1，…，Y_1。

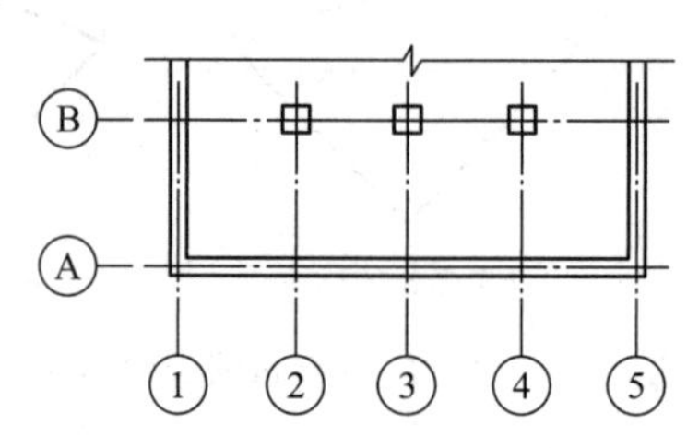

图 3.1.11　平面定位轴线及编号

附加定位轴线的编号，应以分数形式表示，并应按下列规定编写。

(1) 两根轴线间的附加轴线，应以分母表示前一轴线的编号，分子表示附加轴线的编号，编号宜用阿拉伯数字顺序编写。

(2) 1 号轴线或 A 号轴线之前的附加轴线的分母应以 01 或 0A 表示。

3.1.7　索引符号、详图符号与剖切符号

1. 索引符号

如图中某一局部需要另见详图时，应以索引符号索引。按国标规定，索引符号的圆和引出线均应以细实线绘制，圆直径为 8～10mm，引出线应对准圆心，圆内过圆心画一水平线，上半圆中用阿拉伯数字注明该详图的编号，下半圆中用阿拉伯数字注明该详图所在图纸的图纸号，如图 3.1.12 所示。如果详图与被索引的图样在同一张图纸内，则在下半圆中间画一水平细实短线。索引出的详图如采用标准图，应在索引符号水平直径的延长线上加注该标准图册的编号。

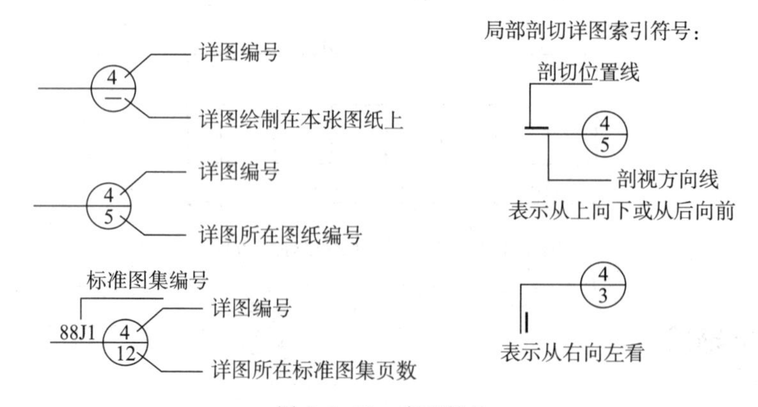

图 3.1.12　索引符号

2. 详图符号

详图符号用一粗实线圆绘制，直径为 14mm。详图与被索引的图样同在一张图纸内时，应在符号内用阿拉伯数字注明详图编号；如不在同一张图纸内，可用细实线在符号内画一水平直径，在上半圆中注明详图编号，在下半圆中注明被索引图纸的图纸号，如图 3.1.13 所示。

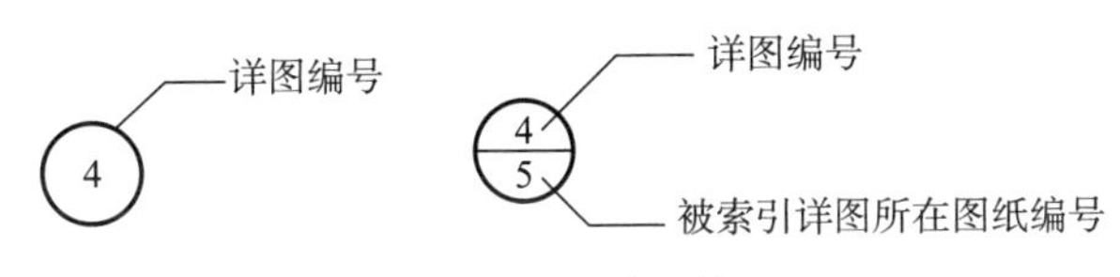

图 3.1.13 详图符号

3. 剖切符号

建(构)筑物剖面图的剖切符号应注在±0.000 标高的平面图或首层平面图上；局部剖切图(不含首层)、断面图的剖切符号应注在包含剖切部位的最下面一层的平面图上。

采用常用方法表示时，剖面的剖切符号应由剖切位置线及剖视方向线组成，均应以粗实线绘制，如图 3.1.14 所示。剖面的剖切符号应符合下列规定。

(1) 剖切位置线的长度宜为 6～10mm。

(2) 剖视方向线应垂直于剖切位置线，长度应短于剖切位置线，宜为 4～6mm。

(3) 绘制时，剖视剖切符号不应与其他图线相接触。

(4) 剖视剖切符号的编号宜采用粗阿拉伯数字，按剖切顺序由左至右、由下向上连续编排，并应注写在剖视方向线的端部。

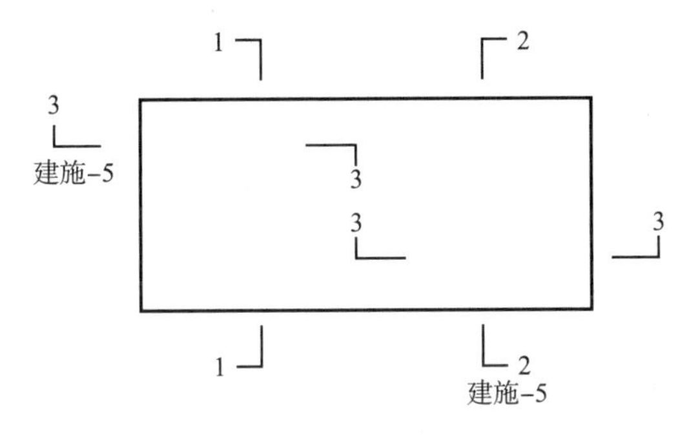

图 3.1.14 剖视的剖切符号

3.1.8 标高

在建筑图中经常用标高符号表示某一部位的高度，它有绝对标高和相对标高之分。绝对标高是以我国青岛附近黄海的平均海平面为零点测出的高度尺寸；相对标高是以建筑物室内主要地面为零点测出的高度尺寸。

标高符号为等腰直角三角形，三角形高 3mm，以细实线绘制，如图 3.1.15 所示。标高数值以米为单位，一般注至小数点后 3 位数(总平面图中为两位数)，在“建施”图中的标高数字表示其完成面的数值。如标高数字前有“－”号，则表示该处完成面低于零点标高；如数字前有"+"号或没有符号，则表示高于零点标高。标高符号应整齐有序、对齐画出。

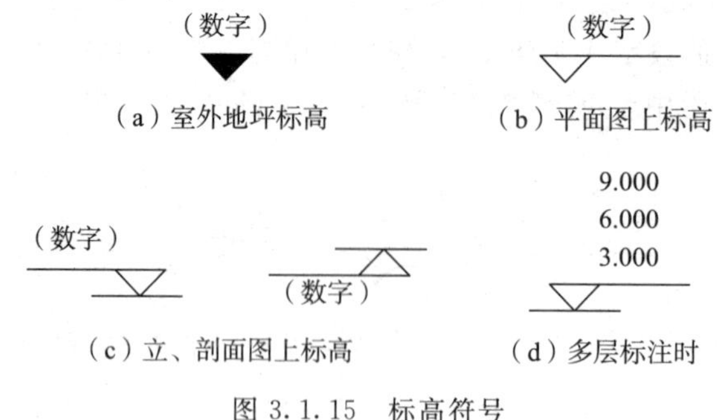

图 3.1.15 标高符号

任务 3.2 识读民用建筑施工图

3.2.1 建筑施工图的基本知识

1. 房屋施工图的产生

房屋施工图的产生一般包括初步设计阶段、技术设计阶段、施工图设计阶段。

1）初步设计阶段

根据甲方要求，通过调研、收集资料、综合构思，进行初步设计，做出方案图并报批。

2）技术设计阶段

根据审批后的方案图，进一步解决构件造型、布置及各工种之间的配合等技术问题，修改方案，绘制技术设计图。

3）施工图设计阶段

根据施工要求，画出一套完整的反映建筑物整体及各细部构造和结构的图样，并编制有关的技术资料。

2. 房屋施工图的分类和编排顺序

1）房屋施工图的分类

房屋施工图包括建筑施工图（简称"建施"）、结构施工图（简称"结施"）、设备施工图（简称"设施"）。其中，建筑施工图主要表示建筑物的总体布局、外部造型、内部布置、细部构造、内外装饰，包括总平面图、平面图、立面图、剖面图、建筑详图。结构施工图主要表示建筑物中承重结构的布置情况、构件类型、大小、材料以及做法等，包括结构设计说明、结构平面图、结构构件详图。设备施工图主要表示各工种所需的设备和管线的平面布置图、系统图、工艺设计图、安装详图及安装说明，包括给水排水工程图、电气工程图、采暖通风工程图。

2）施工图的编排顺序

（1）图纸目录

图纸目录说明该项工程是由哪几个工种的图纸所组成的，各工程图纸的名称、张数和图号顺序，目的是便于查找图纸。

(2) 设计总说明书

设计总说明书主要说明该项工程的概貌和总体要求。而中、小型工程的总说明书一般放在建筑施工图内。

(3) 建筑施工图

建筑施工图主要表达建筑物的内外形状、尺寸、结构构造、材料做法和施工要求等。

其基本图纸包括总平面图，建筑平、立、剖面图和建筑详图。建筑施工图是房屋施工时定位放线、砌筑墙身、制作楼梯、安装门窗、固定设施以及室内外装饰的主要依据，也是编制工程预算和施工组织计划等的主要依据。

(4) 结构施工图

结构施工图是关于承重构件的布置、使用的材料、形状、大小及内部的工程图样，包括：结构总说明、基础布置图、各层柱布置图、各层柱配筋图、各层梁配筋图、层面梁配筋图、楼梯层面梁配筋图、各层板配筋图、楼梯大样、节点大样等，是承重构件以及其他受力构件施工的依据。

(5) 设备施工图

设备施工图包括建筑给排水施工图、采暖通风施工图、电气照明施工图。设备施工图是室内布置管道或线路、安装各种设备、配件或器具的主要依据，也是编制工程预算的主要依据。

3. 施工图的识读

识读施工图时，必须掌握正确的识读方法和步骤。

1) 施工图的识读方法

在识读整套图纸时，应按照“总体了解、顺序识读、前后对照、重点细读”的读图方法。

(1) 总体了解

一般是先看目录、总平面图和施工总说明，大致了解工程的概况，然后看建筑平、立、剖面图，大体上想象建筑物的立体形象及内部布置。

(2) 顺序识读

在总体了解建筑物的情况以后，根据施工的先后顺序，按照基础、墙体(或柱)、结构平面布置、建筑构造及装修的顺序，仔细阅读有关图纸。

(3) 前后对照

读图时，要注意平面图、剖面图对照着读，建筑施工图和结构施工图对照着读，土建施工图与设备施工图对照着读，做到对整个工程施工情况及技术要求心中有数。

(4) 重点细读

根据工种的不同，将有关专业施工图再有重点地仔细读一遍，并将遇到的问题记录下来，及时向设计部门反映。

识读一张图纸时，应按由外向里、由大到小、由粗至细、图样与说明交替、有关图纸对照看的方法，重点看轴线及各种尺寸的关系。

2) 施工图的识图步骤

(1) 看封面、目录。

(2) 看设计总说明。

（3）看总平面图。

（4）看建筑施工图。先看各层平面图，再看立面图和剖面图。基本图看懂后，要大致想象出建筑物的立体图形。

（5）看建筑详图。

（6）看结构施工图。先看结构设计说明、基础施工图，再看结构平面图，后看结构详图。

（7）看设备施工图。

3.2.2 识读建筑总平面图

1. 总平面图的形成和用途

建筑总平面图是拟建建筑工程附近一定范围区域内的建筑物、构筑物及其自然状况的总体布置图。它表明拟建建筑物的位置、朝向，与原有建筑物间的相对位置关系，建筑物的平面外形和绝对标高、层数、周围道路、绿化布置以及地形地貌等内容。建筑总平面图是建筑物施工定位、土方施工以及绘制水、电、暖等管线总平面图和施工总平面图的依据。

2. 总平面图的图示方式和图示内容

1）比例、图名

因为总平面图上表达的内容较多，所绘制的范围较大，内容相对简单，所以只能把表达对象的缩小程度增大，即采用的比例较小，一般常用的比例为 1∶500、1∶1000 和 1∶2000。在总平面图的下方应注写图名和比例。

2）图例符号

部分常用总平面图图例如表 3.2.1 所示。

表 3.2.1 部分常用总平面图图例

名　称	图　例	备　注
新建建筑物	X= Y= ① 12F/2D H=59.00m	1. 新建建筑物以粗实线表示与室外地坪相接处±0.00 外墙定位轮廓线。 2. 建筑物应以±0.00 高度处的外墙定位轴线交叉点坐标定位。轴线用细单点长画线表示，并标明轴线号。 3. 根据不同设计阶段标注建筑编号，地上、地下层数，建筑高度，建筑出入口位置(两种表示方法均可，但同一图纸采用一种表示方法)。 4. 地下建筑物以粗虚线表示其轮廓。 5. 如建筑上部(±0.00 以上)有外挑，总平面图建筑投影最大处外挑轮廓线以中实线表示，其他外挑建筑轮廓线用细实线表示。 6. 建筑物上部连廊用细实线表示并标注位置。 7. 建筑物轮廓内可用灰色填充。 8. 应在建筑物轮廓内右上角或左上角以数字及字母表示层数与高度

续表

名　　称	图　例	备　　注
原有建筑物	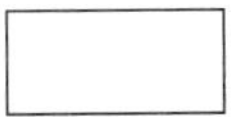	用细实线表示
计划扩建的预留地或建筑物		用中粗虚线表示
拆除的建筑物	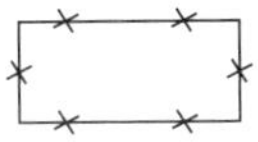	用细实线表示
铺砌场地	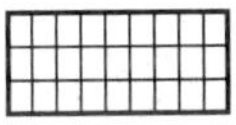	—
坐标	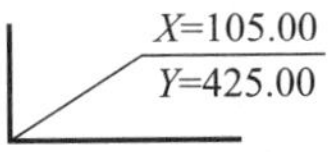 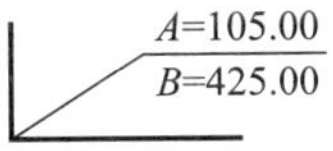 X=105.00 Y=425.00 （a） A=105.00 B=425.00 （b）	1.（a）表示地形测量坐标系 （b）表示建筑坐标系 2. 坐标数字平行于建筑标注
室内地坪标高	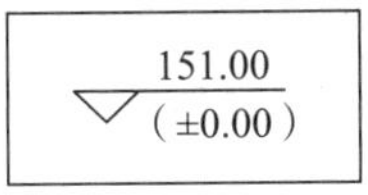 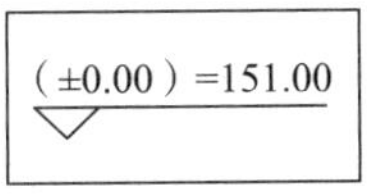 151.00 （±0.00） （±0.00）=151.00	“151.00”为绝对标高，“±0.00”为相对标高 数字平行于建筑物书写
室外地坪标高	 143.00	室外标高也可采用等高线
地下车库出入口	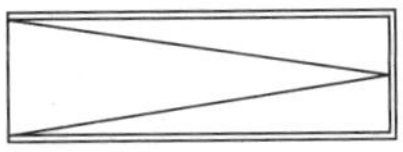	—

3）新建建筑的定位

新建建筑的定位有3种方式：第一种是利用新建建筑与原有建筑或道路中心线的距离确定新建建筑的位置；第二种是利用施工坐标确定新建建筑的位置；第三种是利用大地测量坐标确定新建建筑的位置。

4）附近的地形情况

一般用等高线表示，由等高线可以分析出地形的高低起伏情况。

5）道路

道路主要表示道路位置、走向以及与新建建筑的联系等。

6）指北针及风玫瑰图

（1）指北针

指北针用细实线绘制，圆的直径宜为24mm，指针尖为北向，指针尾部宽度宜为3mm，指针头部应注“北”或“N”字。需用较大直径绘制指北针时，指针尾部宽度宜为直径的 1/8，如图 3.2.1(a)所示。

(2) 风向频率玫瑰图

风向频率玫瑰图表示某一地区多年平均统计的各个风向和风速的百分数值，因其形状像一朵玫瑰花而得名。图中实折线距中心点最远的风向表示刮风频率最高，称为常年主导风向，图 3.2.1(b)中，常年主导风向为西北风。

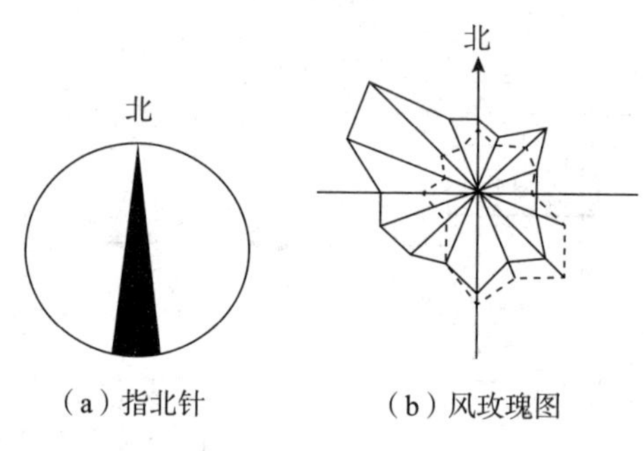

图 3.2.1 指北针和风玫瑰图

3. 总平面图的识读实例

图 3.2.2 所示为某学校的总平面图。该学校出入口位于校区南侧，新建办公楼位于校区东南角，室内地坪设计标高±0.00，相当于绝对标高 46.20m，室外地坪标高为 45.60m，室内外高差为 0.60m，距离最近的教学楼 11.00m，距离传达室 11.50m。该学校原有建筑物有食堂、宿舍楼两座、教学楼两座。

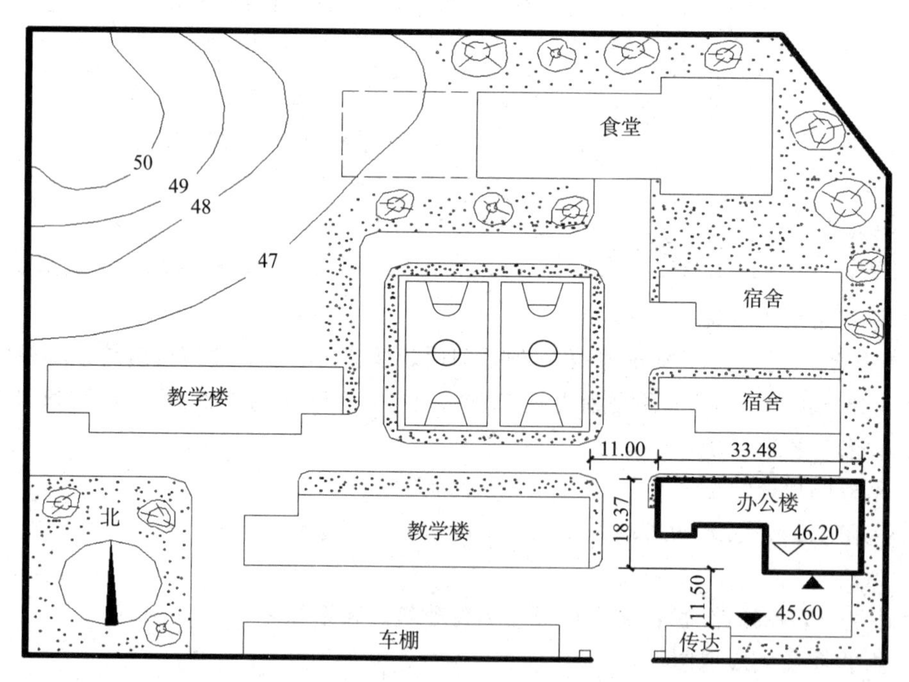

图 3.2.2 某学校的总平面图

3.2.3 识读建筑平面图

1. 建筑平面图的形成和用途

建筑平面图实际上是建筑物的水平剖面图，它是假想用一水平剖切平面在窗台之上某一适当部位剖切整幢建筑物，对剖切平面以下的部分所作的水平投影图，也就是说，移去处于剖切平面上方的部分，将留下的部分按俯视方向在水平投影面上作正投影所得的图样，如图 3.2.3 所示。

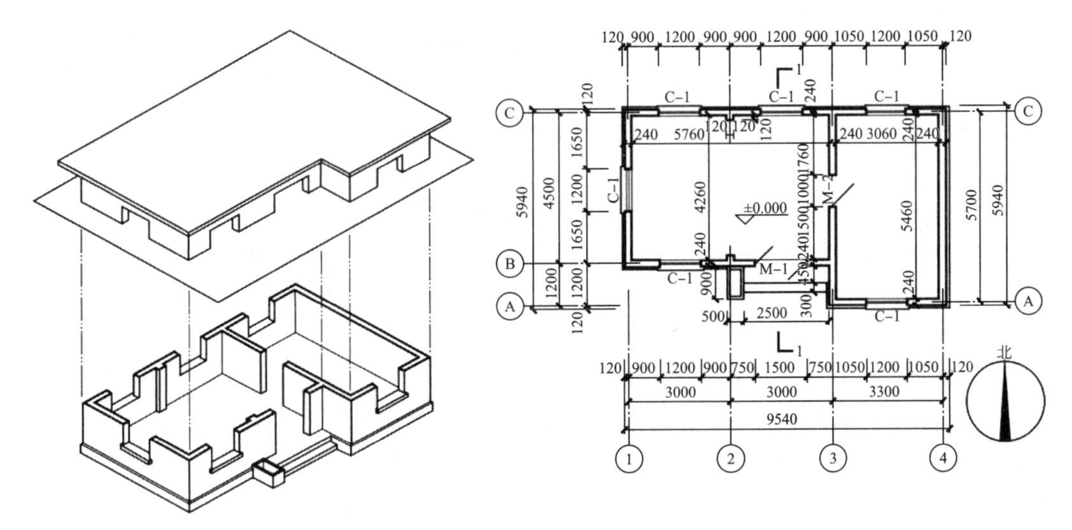

图 3.2.3 建筑平面图的形成

建筑平面图是用来表示房屋的平面布置情况，反映出房屋的平面形状、大小和房间的布置，墙（或柱）的位置、厚度、材料，门窗的位置与尺寸等情况，在施工过程中被作为放线、砌墙、门窗安装和编制工程造价资料的依据。建筑平面图应包括被剖切到的断面、可见的建筑构件和必要的尺寸、标高等内容。

2. 建筑平面图的内容

建筑平面图一般有底层平面图（表示第一层房间的布置、建筑入口、门厅及楼梯等）、标准层平面图（表示中间各层的布置）、顶层平面图（房屋最高层的平面布置图）以及屋顶平面图（即屋顶平面的水平投影）。

1）底层平面图

底层平面图称一层平面图或首层平面图，它是所有建筑平面图中首先绘制的一张图，是施工组织设计、备料、施工放线、砌墙、安装门窗及编制概预算的重要依据。下面以二维码中的底层平面图为例，介绍底层平面图的主要内容。

某办公楼
底层平面图

（1）建筑物朝向。朝向在一层平面图中用指北针表示。建筑物主要出入口在哪面端上，就称建筑物朝哪个方向。二维码中的平面图指北针朝上，建筑物的出入口朝南面，则称该建筑朝向为朝南，也就是人们常说的“坐北朝南”。

(2) 平面布置。平面布置是平面图的主要内容,它着重表达各种用途房间与走道、楼梯、卫生间的关系。房间用墙体分隔。在二维码中的平面图中,该住宅楼有一部楼梯,位于建筑物的南侧。一楼房间主要有休息室、接待室、办公室和卫生间。

(3) 定位轴线。凡是主要的墙、柱、梁的位置都要用轴线来定位。在二维码中的平面图中,主要有①至⑩轴线,Ⓐ至Ⓙ轴线(I 不能作为轴线)。

(4) 标高。除总平面图外,施工图中所标注的标高均为相对标高。在平面图中,因为各种房间的用途不同,如二维码中的平面图所示,±0.000 表示办公楼一层室内相对标高,−0.020 表示卫生间地面标高,−0.600 表示室外地面标高。

(5) 墙厚(柱的断面)。建筑物中墙、柱是承受建筑物垂直荷载的重要结构。墙体又起着分隔房间的作用,因此它的平面位置、尺寸大小都非常重要。

(6) 门和窗。在平面图中,只能反映出门、窗的平面位置、洞口宽度及与轴线的关系。一般门窗类型和尺寸会汇总成门窗说明表,可在整套图中查找该表进行对照读图。在二维码中的平面图中,东南侧楼梯间的门为 M-2,办公室门为 M-1,北侧墙体上的窗户均为 C-2。

(7) 楼梯。建筑平面图比例较小,楼梯在平面图中只能示意楼梯的投影情况。

楼梯的制作、安装详图详见楼梯详图。在平面图中,表示的是楼梯设在建筑中的平面位置、开间和进深大小,楼梯的上下方向及上一层楼的步级数。二维码中的平面图中,可以看到平面内设置了一部楼梯,楼梯间的宽度是 3.6m。

(8) 附属设施。除以上内容外,根据不同的使用要求,在建筑物的内部还设有壁柜、吊柜、厨房设备等。在建筑物外部还设有花池、散水、台阶、雨水管等附属设施。附属设施只能在平面图中表示出平面位置,具体做法应查阅相应的详图或标准图集。二维码中的平面图中,沿着建筑四周还设有散水、台阶等附属设施。

(9) 平面尺寸。平面图中标注的尺寸分内部尺寸和外部尺寸两种,主要反映建筑物中房间的开间、进深的大小、门窗的平面位置及墙厚等。内部尺寸用一道尺寸线表示;外部尺寸一般标注 3 道尺寸,最外面一道尺寸表示建筑物的总长、总宽,即从一端的外墙皮到另一端的外墙皮的尺寸,即建筑总长为 33485mm,总宽为 11170mm;中间一道尺寸为各轴线间的尺寸,表示了各房间的开间和进深;最里面一道尺寸为细部尺寸,表示了窗间墙、门窗洞口宽度等。

2) 标准层平面图、顶层平面图

由于房屋内部平面布置的差异,对于多层建筑而言,应该有一层就画一个平面图,其名称就用本身的层数来命名,如“二层平面图”或“四层平面图”等。但在实际的建筑设计过程中,多层建筑往往存在许多相同或相近平面布置形式的楼层,因此在实际绘图时,可将这些相同或相近的楼层合用一张平面图来表示,这张合用的图,就叫作“标准层平面图”。有时候也可以用对应的楼层命名,如“二至六层平面图”等。标准层平面图如下方二维码某办公楼标准层平面图所示,顶层平面图如下方二维码某办公楼顶层平面图所示。

某办公楼标准层平面图

某办公楼顶层平面图

3）屋顶平面图

屋顶平面图如右侧二维码某办公楼屋顶平面图所示，主要表示3个方面的内容。

某办公楼
屋顶平面图

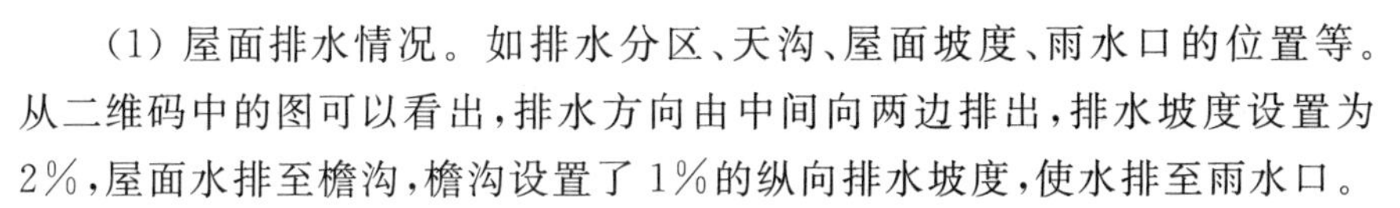

（1）屋面排水情况。如排水分区、天沟、屋面坡度、雨水口的位置等。从二维码中的图可以看出，排水方向由中间向两边排出，排水坡度设置为2%，屋面水排至檐沟，檐沟设置了1%的纵向排水坡度，使水排至雨水口。

（2）突出屋面的物体。如电梯机房、楼梯间、水箱、天窗、烟囱、检查孔、屋面变形缝等位置。

（3）细部做法。屋面的细部做法应有相关详图表示。屋面的细部做法包括高出屋面墙体的泛水、天沟、变形缝、雨水口等。

3. 建筑平面图的识读方法与步骤

1）建筑一层平面图的读图方法

（1）查看图名、比例。

（2）查看建筑物的平面形状及总长、总宽，并可据此计算建筑物的规模及占地面积。

（3）在一层平面图上查看指北针，看建筑物朝向。

（4）查看定位轴线，确认编号；读建筑物的开间、进深。

（5）除定位轴线标注尺寸外，再看图中注明的其他各部分的平面尺寸。在平面图中，外部尺寸一般标注3道：最外面一道尺寸表示建筑物总长、总宽，称为外包尺寸；中间一道尺寸表示开间、进深，称轴线尺寸；最里面一道尺寸表示门窗洞口、窗间墙、墙厚等局部尺寸，称为细部尺寸。在一层平面图中，还应标注室外台阶、花池、散水等局部尺寸。此外，在平面图内还应注明局部的内部尺寸，如内门、内窗、内墙厚以及内部设备等尺寸。

（6）查看各房间的地面标高。

（7）查看各种门窗的代号和编号以及门的开启方向。如C-1、C-2、M-1、M-2，编号不同，类型不同，应对照门窗明细表查看。

（8）在一层平面图上标注的剖切符号，表示剖面图的剖切位置和剖视方向。

（9）索引符号表明了局部另画详图的位置及编号，以便查阅详图。

（10）一些不易用图来表明的内容，通常用文字进行了说明，以更加清楚地读懂图中内容。

2）阅读其他各层平面图的注意事项

（1）以熟练阅读一层平面图为基础。

（2）查明各层房间的布置是否与一层平面图一样。

（3）查明墙身厚度是否同一层平面图一样。

（4）查明门窗是否同一层平面图一致。

（5）查明采用建筑材料品种、规格、强度等级是否一致。

3）阅读屋顶平面图的注意事项

（1）查看屋面的排水方向、排水坡度及排水分区。

（2）结合有关详图阅读，弄清分格缝，女儿墙泛水，高出屋面部分的防水、泛水做法。

3.2.4 识读建筑立面图

1. 建筑立面图的形成

表示建筑物外墙面特征的正投影图称为立面图，它是施工中外墙面造型墙面装修、工程概预算、备料等的依据。立面图的形成如图 3.2.4 所示。

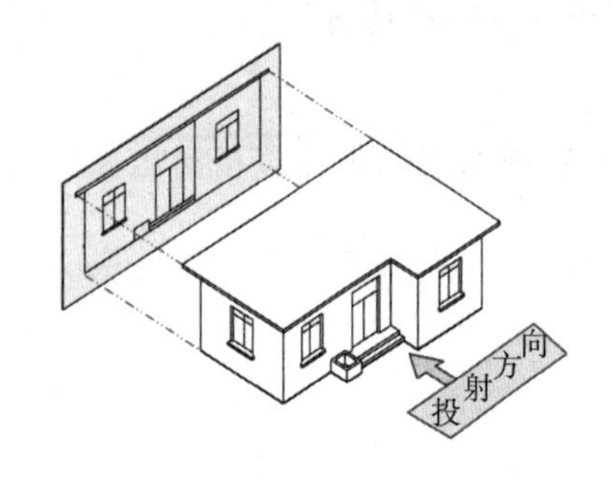

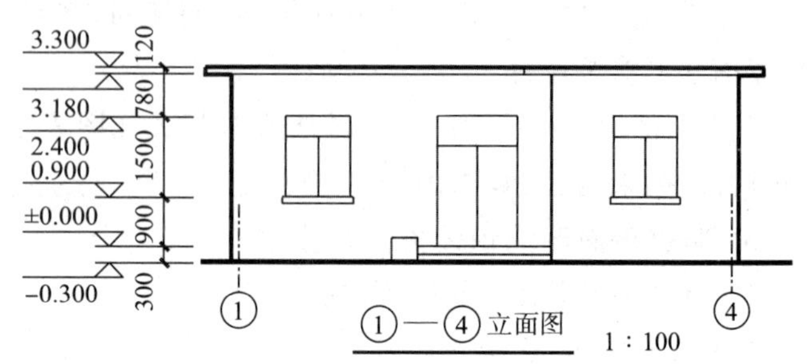

图 3.2.4 立面图的形成

立面图的命名方法一般有 3 种。

(1) 按立面朝向进行命名，如南立面、北立面、东立面、西立面。

(2) 按立面的主次来进行命名，如正立面图、背立面图、侧立面图(侧立面图又分左侧立面和右侧立面图)。

(3) 按定位轴线来进行命名，如某办公楼屋顶平面二维码中的轴线①—④立面图，假设该栋建筑主入口在南侧，该立面图也可称为南立面图。

2. 建筑立面图的主要内容

下面以图 3.2.5 所示立面图为例，说明立面的主要内容。

(1) 表明建筑物外部形状，主要有门窗、台阶、雨篷、阳台、烟囱、雨水管等的位置，例图的门窗高度、阳台、雨水管等尺寸、位置见图示。

(2) 用标高表示出各主要部位的相对高度，如室内外地面标高、各层楼面标高及檐口标高，如图 3.2.5 所示，室外地坪标高为−0.600m，首层室内设计地坪标高为±0.0005。

(3) 立面图中的尺寸。立面图中的尺寸是表示建筑物高度方向的尺寸，一般用 3 道尺寸线表示。最外面一道为建筑物的总高，建筑物的总高是从室外地面到檐口女儿墙的高度。中间一道尺寸线为层高，即下一层楼地面到上一层楼面的高度。最里面一道为门窗洞口的高度及与楼地面的相对位置。

(4) 外墙面的装修。外墙面装修一般用索引符号表示具体做法，具体做法需根据索引的内容查找相应的标准图集。如图 3.2.5 所示，外墙面装修有刷白色涂料、砖红色波形瓦。

3. 建筑立面图的识读方法与步骤

(1) 对应平面图识读。查阅立面图与平面图的关系，这样才能建立起立体感，加深对平面图、立面图的理解。

(2) 查看图名、比例，确认是哪个立面。

(3) 了解建筑物的外部形状。

(4) 查阅建筑物各部位的标高及相应的尺寸。

(5) 查阅外墙面各细部的装修做法,如门廊、窗台、窗檐、雨篷、勒脚等。

(6) 其他。结合相关图纸,查阅外墙面、门窗、玻璃等的施工要求。

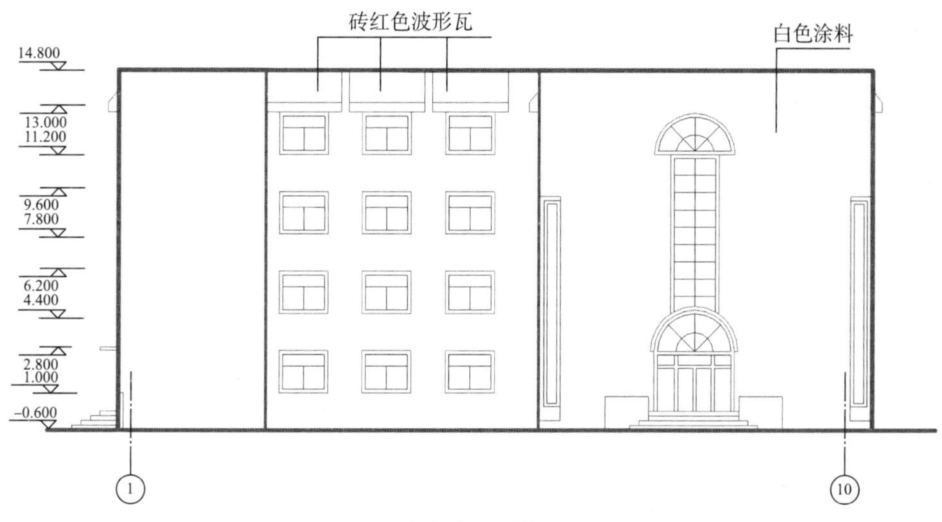

(a) 南立面图

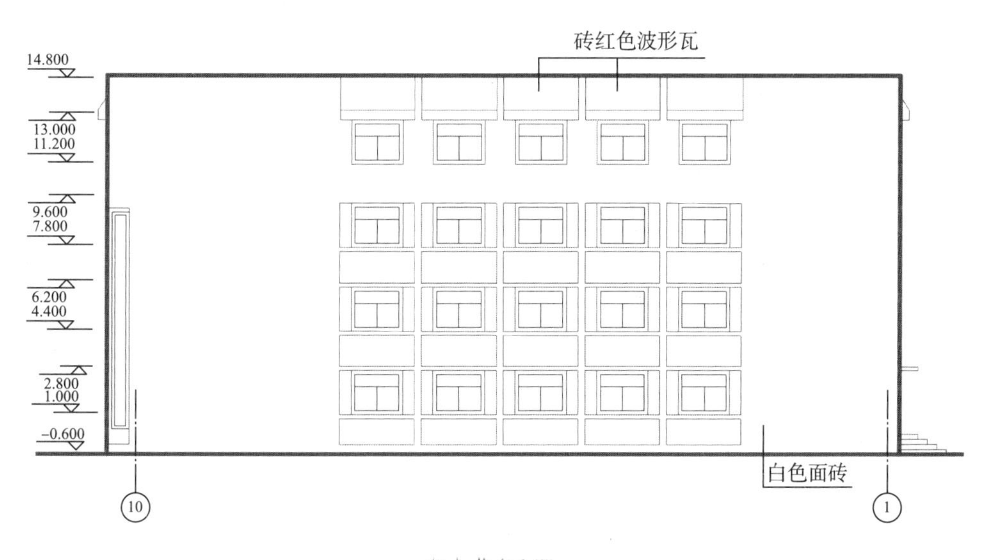

(b) 北立面图

图 3.2.5　某办公楼立面图

3.2.5　识读建筑剖面图

1. 建筑剖面图的形成

建筑剖面图是指假想用一个或多个垂直于外墙轴线的铅垂剖切面将房屋剖开,所得的投影图,称为建筑剖面图,简称剖面图,如图 3.2.6 所示。剖面图用以表示房屋内部的结构或构造形式、分层情况和各部位的联系、材料及其高度等，是与平面图、立面图相互配合的不可缺少的重要图样之一。

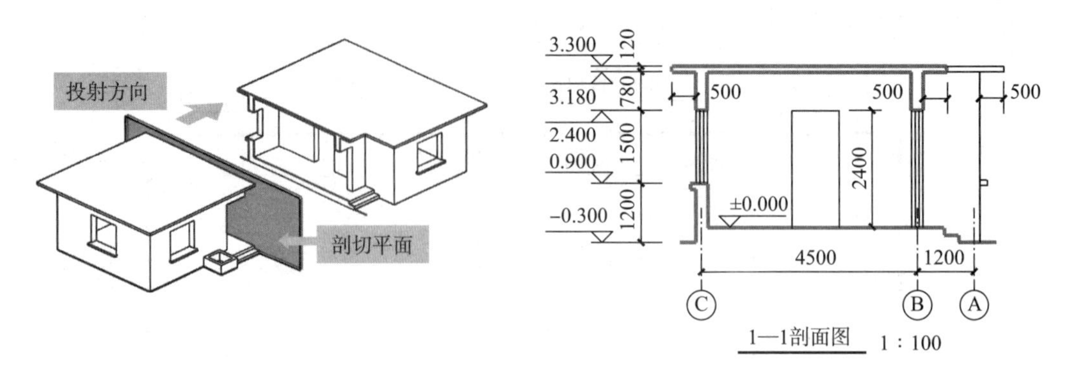

图 3.2.6 剖面图的形成

剖面图的数量是根据房屋的具体情况和施工实际需要而决定的。剖切面一般是横向的，即平行于侧面，必要时也可纵向，即平行于正面。其位置应选择在能反映出房屋内部构造比较复杂和典型的部位，并应通过门窗洞的位置。若为多层房屋，应选择在楼梯间或层高不同、层数不同的部位。剖面图的图名应与平面图上所标注剖切符号的编号一致，如 1—1 剖面图、2—2 剖面图等。剖面图中的断面，其材料图例与粉刷面层和楼、地面面层线的表示原则及方法，与平面图相同。

2. 建筑剖面图的主要内容

下面就以图 3.2.7 为例，说明剖面图的主要内容。

(1) 表示房屋内部的分层、分隔情况。如图 3.2.7 所示，剖切位置选择了局部 4 层的楼梯间处，根据剖面图，很清楚地看到垂直方向的分层及每层的分隔情况。

(2) 反映屋顶及屋面保温隔热情况。根据图 3.2.7 所示的剖面图，可看出该办公楼为平屋顶。

(3) 表示房屋高度方向的尺寸及标高。剖面图中高度方向的尺寸和标注方法同立面图一样，也有 3 道尺寸线。必要时还应标注出内部门窗洞口的尺寸。如图 3.2.7 所示，根据分层情况，在每层的地坪上均标注相对标高，如一层地坪标高为±0.000，二层地坪标高为 3.400m 等。

(4) 其他。在剖面图中还有台阶、排水沟、散水、雨篷等。凡是剖切到的或用直接正投影法能看到的都应表示清楚。

(5) 索引符号。剖面图中不能详细表示清楚的部位，引出索引符号，另用详图表示。

3. 建筑剖面图的识读方法与步骤

(1) 结合底层平面图识读，对应剖面图与平面图的相互关系，建立起房屋内部的空间概念。

(2) 结合建筑设计说明或材料做法表阅读，查阅地面、楼面、墙面、顶棚的装修做法。

(3) 查阅各部位的高度。

(4) 结合屋顶平面图阅读，了解屋面坡度、防水、女儿墙泛水、屋面保温隔热等的做法。

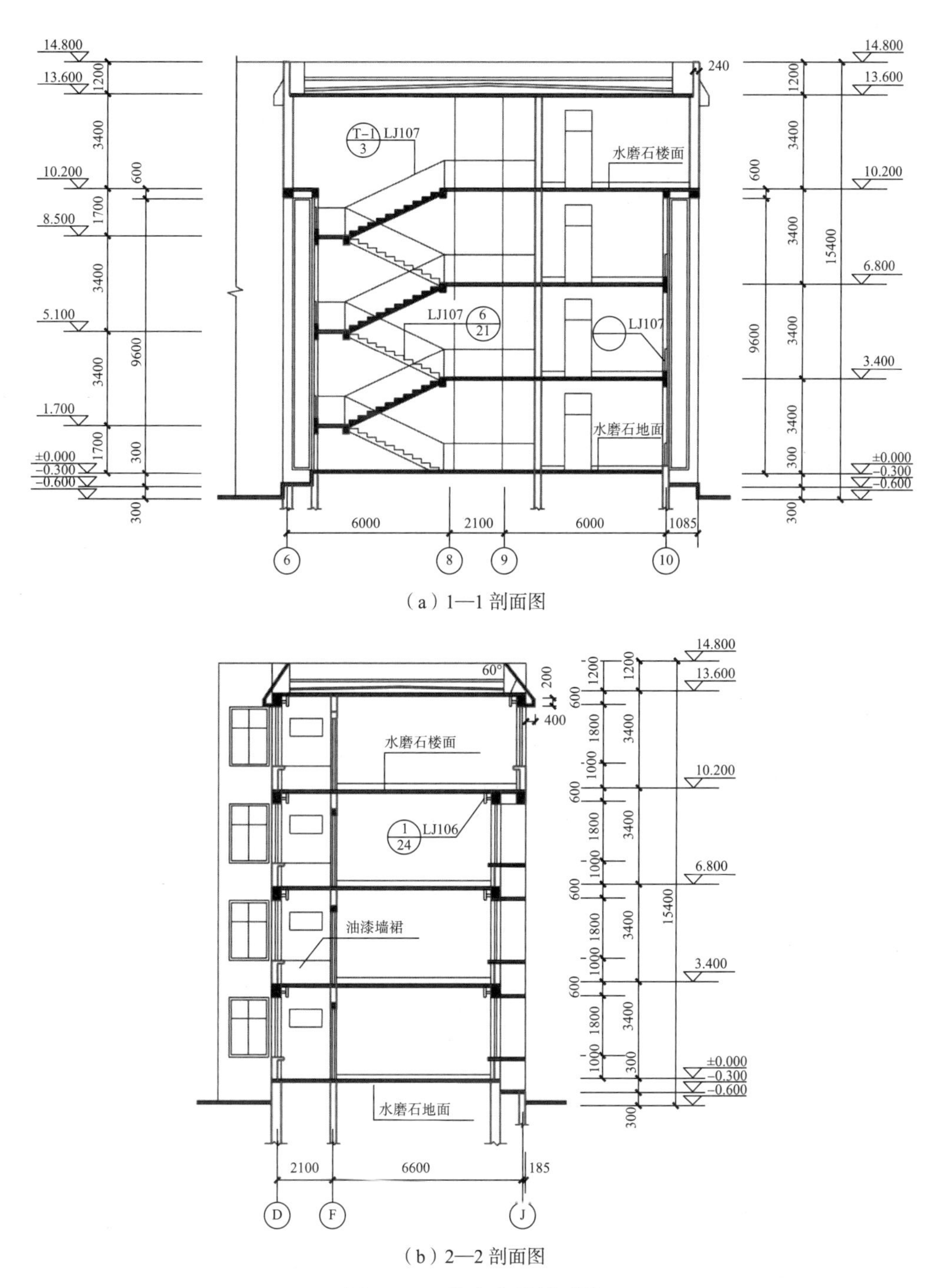

(a) 1—1 剖面图

(b) 2—2 剖面图

图 3.2.7　某办公楼剖面图

3.2.6　识读建筑详图

1. 建筑详图的形成

房屋的平面图、立面图、剖面图都是采用缩小比例绘制的全局性图纸，对房屋的细部构造做法无法表示清楚，因而就需要另绘详图或选用合适的标准图来详细表达。建筑详图一般包括外墙身详图、楼梯详图和门窗详图等。

建筑详图的比例常采用 1∶1、1∶2、1∶5、1∶10、1∶20、1∶50 等几种。

2. 建筑详图的特点

(1) 详图采用较大比例绘制，各部分结构应表达详细、层次清楚，但又要详而不繁。

(2) 建筑详图各结构的尺寸要标注完整齐全。

(3) 无法用图形表达的内容应配合文字说明，要详尽清楚。

(4) 详图的表达方法和数量，可根据房屋构造的复杂程度而定。有的只用一个剖面详图就能表达清楚(如墙身详图)，有的需加平面详图(如楼梯间、卫生间)，或用立面详图(如门窗详图)。

3. 建筑详图的识读方法与步骤

1) 外墙身详图

外墙身详图的剖切位置一般设在有门窗洞口的部位。它实际上是建筑剖面图的局部放大的图样，一般按 1∶20 的比例绘制。主要表示地面、楼面、屋面与墙体的关系，同时也表示排水沟、散水、勒脚、窗台、窗檐、女儿墙、天沟、排水口、雨水管的位置及构造做法。如图 3.2.8 所示的墙身大样，实际上就是各节点详图的组合。墙身详图一般与平、立、剖面图配合使用，是施工中砌墙、室内外装修、门窗立口及概预算的依据。

外墙身详图读图方法和步骤如下。

(1) 读图名、比例、弄清详图表达的部位。

(2) 了解屋面、楼面、地面的构造层次和做法。

(3) 了解各部位的标高、高度方向的尺寸和墙身细部尺寸。

(4) 了解各层梁(过梁或圈梁)、板、窗台的位置及其与墙身的关系。

(5) 了解檐口的构造做法。

2) 楼梯详图

楼梯详图就是将楼梯的详细构造情况在施工图中表示清楚的图样，一般有 3 个部分，即楼梯平面图，楼梯剖面图和楼梯的踏步、栏杆、扶手详图等。

(1) 楼梯平面图

假设用一水平剖切平面在该层往上行的第一个楼梯段中剖切开，移去剖切平面及以上部分，将余下的部分按正投影的原理投射在水平投影面上所得到的图，称为楼梯平面图，如图 3.2.9 所示。楼梯平面图包括一层平面图、标准层平面图、顶层平面图，常用 1∶50 的比例绘制。

楼梯平面图用轴线编号表明楼梯间在建筑平面图中的位置，注明楼梯间的长宽尺寸，楼梯跑(段)数，每跑的宽度、踏步步数、每一步的宽度、休息平台的平面尺寸及标高等。

(2) 楼梯剖面图

假想用一铅垂剖切平面，通过各层的一个楼梯段，将楼梯剖切开，向另一未剖切到的楼梯段方向进行投影，所绘制的剖面图称为楼梯剖面图，如图 3.2.10 所示的 3—3 剖面图。楼梯剖面图的作用是完整、清晰地表明各层梯段及休息平台的标高，楼梯的踏步数、踏面的宽度及踢面的高度，各种构件的搭接方法，楼梯栏杆(板)的形式及高度，楼梯间各层门窗洞口的标高及尺寸。

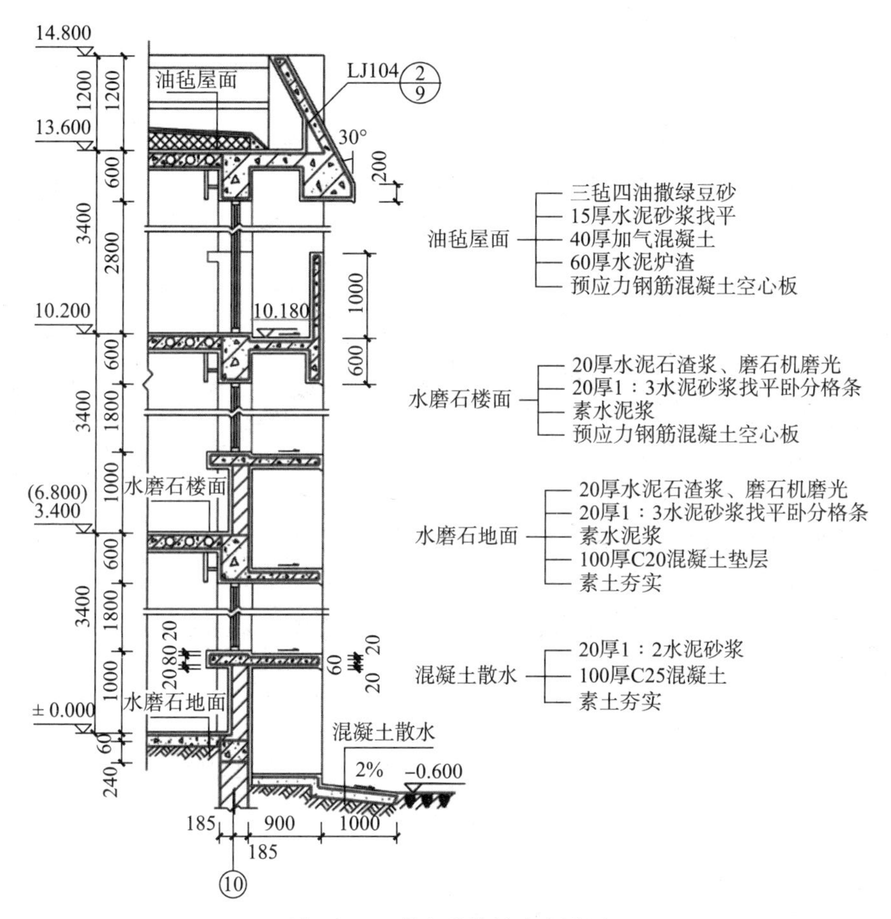

图 3.2.8　某办公楼外墙身详图

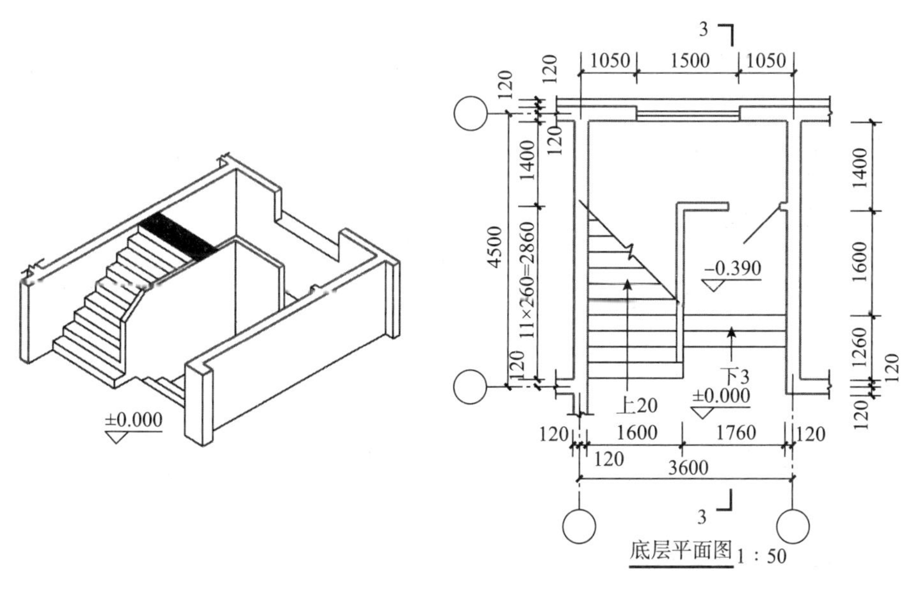

图 3.2.9　楼梯平面图的形成

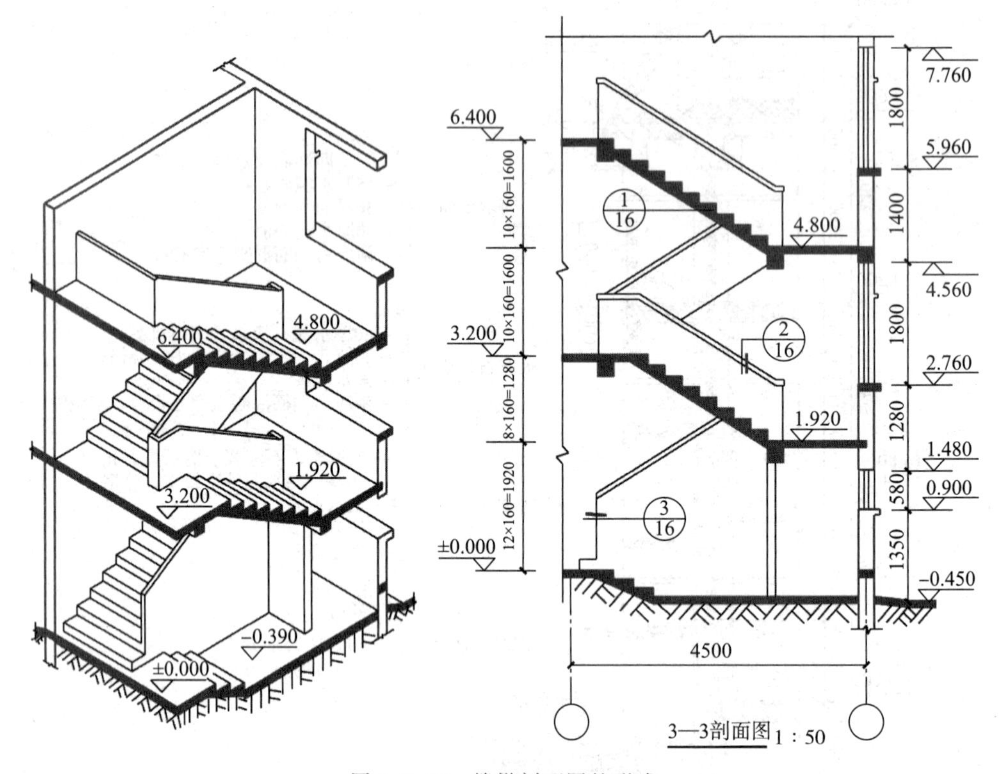

图 3.2.10 楼梯剖面图的形成

(3) 踏步、栏杆(板)、扶手等详图

这部分内容同楼梯平面图、剖面图相比,采用的比例更大,其目的是表明楼梯各部位的细部做法,如图 3.2.11 所示。

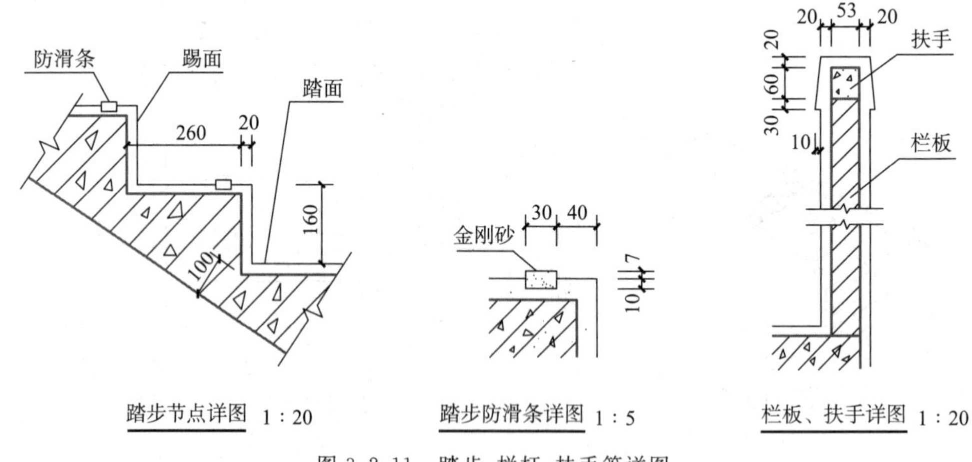

图 3.2.11 踏步、栏杆、扶手等详图

(4) 楼梯详图的阅读方法与步骤

了解楼梯在建筑平面图中的位置及有关轴线的布置;了解楼梯间、梯段、梯井、休息平台等处的平面形式和尺寸以及楼梯踏步的宽度和踏步数;了解楼梯的走向及上、下起步的

位置；了解楼梯间各楼层平面、休息平台面的标高；了解中间层平面图中不同梯段的投影形状；了解楼梯间的墙、门、窗的平面位置、编号和尺寸；了解楼梯剖面图在楼梯底层平面图中的剖切位置及投影方向。

实操任务

识读建筑施工图任务单

<table>
<tr><td>专业班组</td><td></td><td>组长</td><td></td><td>日期</td><td></td></tr>
<tr><td>任务目标</td><td colspan="5">进一步理解建筑施工图的形成原理，能看懂建筑施工图的图示内容，培养学习者空间想象能力与全局思维，提升学习者动手能力、团队协作能力</td></tr>
<tr><td>工作任务</td><td colspan="5">制作完成一个简单的房屋模型，并绘制出其建筑平面图、立面图、剖面图</td></tr>
<tr><td>任务要求</td><td colspan="5">1. 各小组利用课余时间，制作完成一个简单的房屋模型，材质不限，力求简单，但是门、窗、墙、屋顶，该有的得有，如下图所示；
2. 仔细观察其构造，绘制出其建筑平面图、立面图、剖面图；
3. 师生点评，修正</td></tr>
<tr><td rowspan="8">任务评价</td><td colspan="3">评 价 标 准</td><td colspan="2">分值(满分 100 分)</td></tr>
<tr><td colspan="3">图样布局合理</td><td colspan="2">15</td></tr>
<tr><td colspan="3">图样整洁、线条清晰</td><td colspan="2">20</td></tr>
<tr><td colspan="3">比例运用正确</td><td colspan="2">15</td></tr>
<tr><td colspan="3">图例表达准确</td><td colspan="2">15</td></tr>
<tr><td colspan="3">线型选用合理</td><td colspan="2">10</td></tr>
<tr><td colspan="3">尺寸标注及文字说明规范</td><td colspan="2">10</td></tr>
<tr><td colspan="3">能在规定时间内完成</td><td colspan="2">15</td></tr>
</table>

思考练习

一、填空题

1. 图样上的尺寸由________、________、________和尺寸起止符号组成。
2. 房屋施工图包括________、________、结构施工图。
3. 在建筑工程施工图中，________是以建筑物首层室内主要地面为基准的标高。
4. 建筑平面图中，一般在图形的下方和左方标注相互平行的________道尺寸。

二、单项选择题

1. 在工程图中，用粗实线表示图中(　　)。

A. 对称轴线　　B. 不可见轮廓线　　C. 图例线　　D. 主要可见轮廓线

2. 在总平面图中新建房屋用(　　)绘制。

A. 粗实线　　B. 细虚线　　C. 细实线　　D. 粗虚线

3. 要查找某房间的开间和进深，应查找(　　)。

A. 建筑平面图　　B. 屋面排水图

C. 建筑立面图　　D. 建筑剖面图

4. 建筑平面图是采用一假想的(　　)以上位置切开，将上部移去后所得的视图。

A. 水平剖切面沿基础顶面　　B. 水平剖切面沿楼地面

C. 垂直剖切面沿高度　　D. 水平剖切面沿窗台

5. 从(　　)上可了解到房屋的立面上建筑装饰的材料和颜色，屋顶的构造形式，房屋的分层和高度，屋檐的形式以及室内外地面的高差等。

A. 立面图　　B. 剖面图

C. 立面图和剖面图　　D. 平面图

6. 下列选项中，不是建筑剖面图所表达的内容的是(　　)

A. 各层梁板、楼梯、屋面的结构形式、位置

B. 楼面、阳台、楼梯平台的标高

C. 外墙表面装修的做法

D. 门窗洞口、窗间墙等的高度尺寸

要点小结

本学习情景主要包括建筑制图规范和识读建筑施工图两大部分内容。旨在帮助学习者掌握建筑制图的基本知识、规范标准，理解建筑施工图的功能、形成原理，并能正确识读建筑施工图。

学习情景 3
思考练习题答案

学习情景4 认知民用建筑构造

思维导图

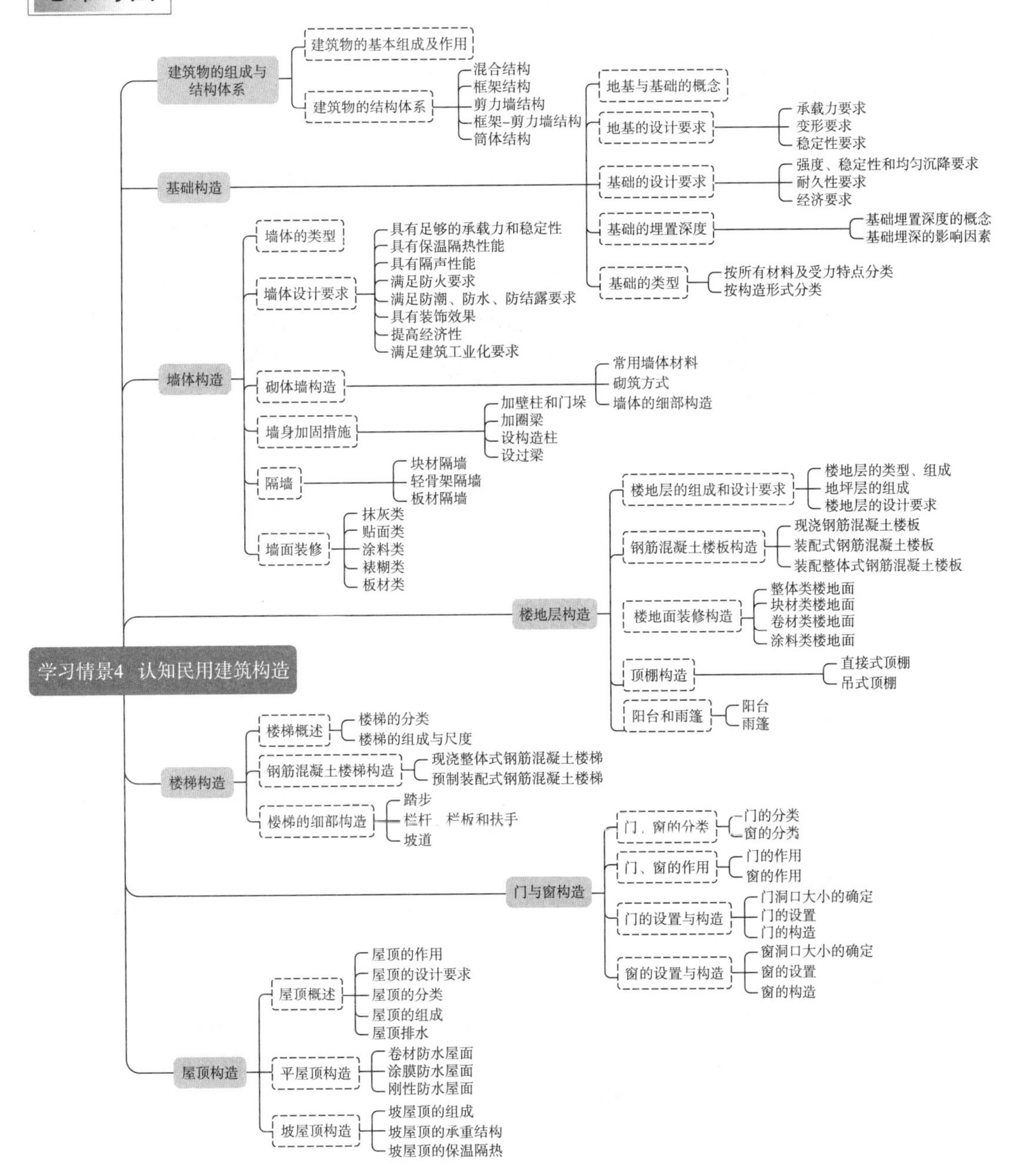

学习情景描述

作为物业管理人员，尤其是工程管理人员，要做好物业的接管验收、入住装修管理、建筑养护管理，必须熟练认知房屋的各部分构造。本学习情景主要包括房屋的组成与结构体系、基础构造、墙体构造、楼地面构造、楼梯构造、门与窗构造、屋顶构造七个方面内容。通过此情景学习，学习者可以了解建筑物的组成部分与结构体系，能识别建筑物各部分的构造。

学习目标

1. 了解建筑物的基本组成与结构体系；
2. 能认识建筑物各组成部分的功能与特点；
3. 能识别建筑物各部分的构造。

案例引入

扫描二维码，阅读案例“建筑‘限高’是纠偏”，思考回答以下问题。

这个案例对你有什么启发？你怎么看住房和城乡建设部对高层建筑的限高措施？

案例 4
建筑“限高”是纠偏

拓展知识 6
《建筑与市政工程无障碍通用规范》(GB 55019—2021)

拓展知识 7
《混凝土结构通用规范》(GB 55008—2021)

任务 4.1　建筑物的组成与结构体系

4.1.1　建筑物的基本组成及作用

建筑物由六大基本构件组成：基础、墙或柱、楼板层、楼梯、门窗、屋顶。另外，特有构配件：阳台、坡道、雨篷、烟囱、台阶、垃圾井、花池等，如图 4.1.1 所示。

建筑物的六大基本构件在不同的部位发挥着不同的作用。

(1) 基础。基础是位于建筑物最下部的承重构件，起承重的作用。承受着建筑物的全部荷载，并将荷载传递给地基。

(2) 墙或柱。墙体是围成房屋空间的竖向构件，具有承重、围护和分隔的作用。它承受由屋顶、各楼层传来的荷载，并将这些荷载传递给基础。外墙可以抵御自然界各种因素的侵袭，内墙可以分隔房间、隔声、遮挡视线以保证具有舒适的环境。柱与梁、板等形成房屋的受力骨架系统，将荷载传递到基础。

(3) 楼板层。楼板是划分空间的水平构件，具有承重、竖向分隔和水平支撑的作用。

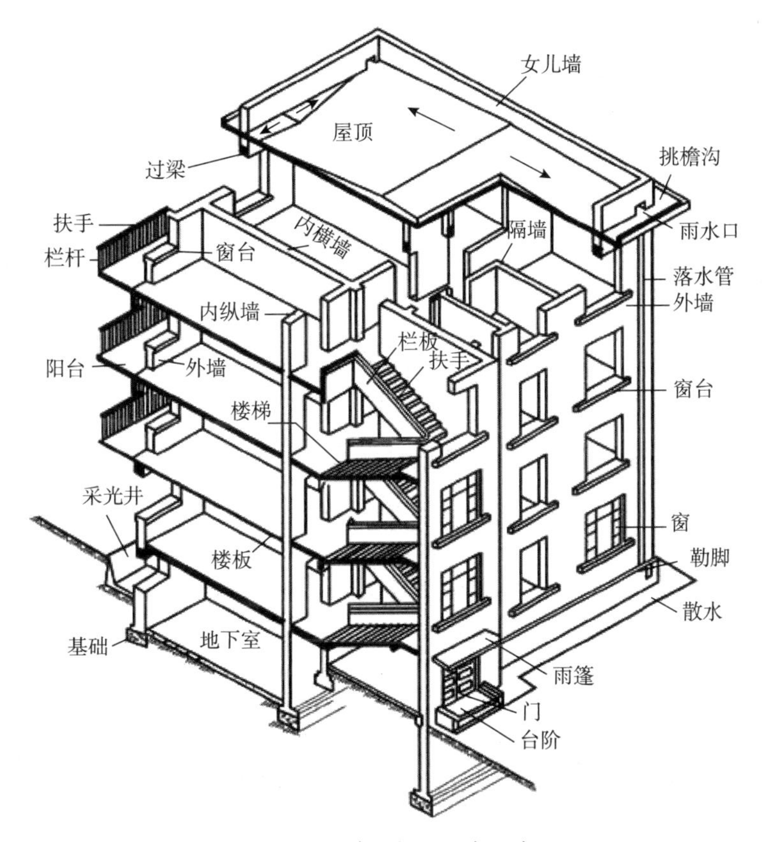

图 4.1.1 建筑物的基本组成

楼层将建筑从高度方向分隔成若干层，承受家具、设备、人体荷载及自重，并将这些荷载传递给墙或柱，同时，楼板层的设置对增加建筑的整体刚度和稳定性起着重要的作用。

(4) 楼梯。楼梯是各层之间的垂直交通联系设施，其主要作用是上下楼层交通及紧急疏散。

(5) 门窗。门和窗都是非承重的建筑配件，起通风和采光的作用。门兼有分隔房间和交通、装饰的作用，窗同时也具有分隔、围护、装饰和眺望的作用。

(6) 屋顶。屋顶是建筑物顶部的承重构件和围护构件。主要作用是承重、保温、隔热和防水。屋顶承受着房屋顶部包括自重在内的全部荷载，并将这些荷载传递给墙或柱，同时抵御自然界各种因素对屋顶的侵袭。

4.1.2 建筑物的结构体系

建筑结构体系是指在建筑中由若干构件连接而构成的能承受作用的平面或空间体系。建筑结构由基础、墙、柱、梁、板等基本构件组成，这些基本构件相互连接、相互支承，构成能承受和传递各种作用的建筑物的支承骨架。这里所说的“作用”，包括直接作用(如结构自重、家具及人群荷载、风荷载等)和间接作用(如地震、基础沉降、温度变化及混凝土的收缩等)。

在建筑结构体系中，水平构件如梁、板等，又称楼盖体系，用以承受竖向荷载；竖向构件如柱、墙等，用以支承水平构件及承受水平荷载；基础的作用是将建筑物承受的荷载传至地基。由于各类建筑在使用功能、建筑形状等方面各不相同，建筑结构也有各种不同的类型。

根据建筑结构形式的不同，建筑结构可分为混合结构、框架结构、剪力墙结构、框架-剪力墙结构、筒体结构等。

1. 混合结构

混合结构建筑是指用两种或两种以上材料作为主要承重构件的建筑。砖混结构(见图 4.1.2)是混合结构的一种，是采用砖墙来承重，钢筋混凝土梁、柱、板等构件构成的混合结构体系。砖混结构适合开间进深较小、房间面积小、多层或低层的建筑。因为其稳定性差，浪费资源等原因，我国新建的多层、高层建筑已逐步淘汰砖混结构。

2. 框架结构

框架结构(见图 4.1.3)是指由梁、柱以刚接或者铰接相连接而成，构成承重体系的结构。即由梁、柱组成框架共同抵抗使用过程中出现的水平荷载和竖向荷载。框架结构的柱网间距可大可小，建筑平面布置灵活。框架结构构件类型少，设计、计算、施工都比较简单，是多层、高层建筑常用的结构形式。框架结构的房屋墙体不承重，仅起到围护和分隔作用，一般用预制的加气混凝土、膨胀珍珠岩、空心砖或多孔砖、浮石、蛭石、陶粒等轻质板材等材料砌筑或装配而成。

图 4.1.2　砖混结构房屋

图 4.1.3　框架结构房屋

3. 剪力墙结构

剪力墙又称抗风墙、抗震墙或结构墙，是指房屋或构筑物中主要承受风荷载或地震作用引起的水平荷载的墙体。剪力墙结构是用钢筋混凝土墙板来代替框架结构中的梁和柱，能承担各类荷载引起的内力，并能有效控制结构的水平力，这种用钢筋混凝土墙板来承受竖向和水平力的结构称为剪力墙结构，如图 4.1.4 所示。

4. 框架-剪力墙结构

框架-剪力墙结构也称框剪结构，如图 4.1.5 所示。框架-剪力墙结构是在框架结构中设置适当的剪力墙结构。它既具有框架结构平面的布置灵活、有较大空间的优点，又具有侧向刚度较大、抗水平力强的优点。在框架-剪力墙结构中，剪力墙主要承受水平荷载，竖向荷载由框架承担。该结构一般适用于 10～20 层的建筑。

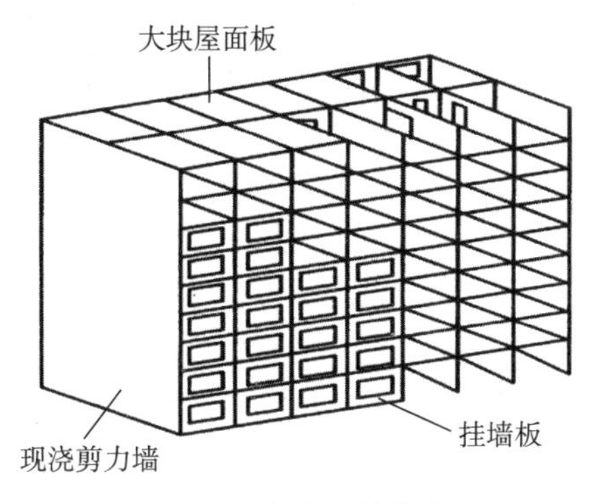

图 4.1.4　剪力墙结构房屋

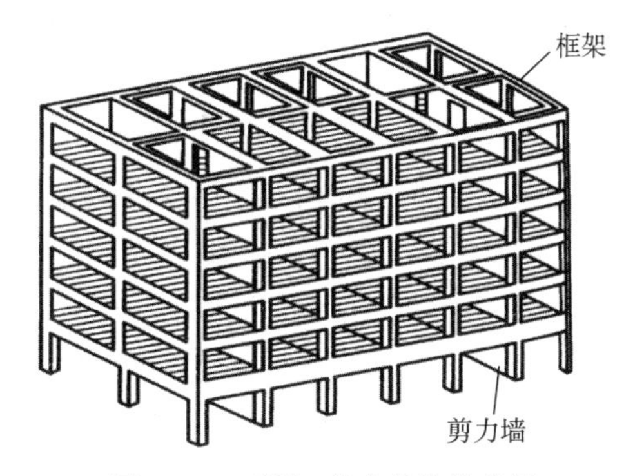

图 4.1.5　框架-剪力墙结构房屋

5. 筒体结构

筒体结构是由框架-剪力墙结构与全剪力墙结构综合演变和发展而来。筒体结构是将剪力墙或密柱框架集中到房屋的内部和外围而形成的空间封闭式的筒体，如图 4.1.6 所示。由密柱高梁空间框架或空间剪力墙所组成，在水平荷载作用下起整体空间作用的抗侧力构件称为筒体。由一个或数个筒体作为主要抗侧力构件而形成的结构称为筒体结构，它适用于平面或竖向布置繁杂、水平荷载大的高层建筑。筒体结构分筒体-框架、框筒、筒中筒、束筒 4 种结构。

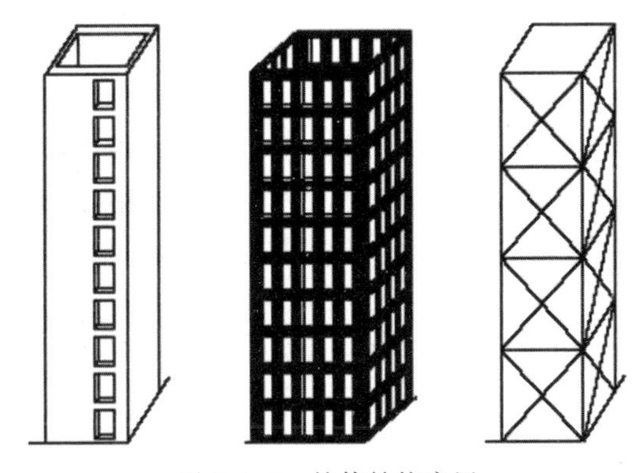

图 4.1.6　筒体结构房屋

任务 4.2　基础构造

4.2.1　地基与基础的概念

在建筑工程上，把建筑物与土壤直接接触的部分称为基础。基础是建筑物的组成部分，它承受着建筑物的上部荷载，并将这些荷载传递给地基，如图 4.2.1 所示。承受基础传来荷载的土层称为地基，地基不是建筑物的组成部分。地基可分为天然地基和人工地基两类。凡天然土层本身具有足够的强度，能直接承受建筑荷载的地基称为天然地基。凡天然土层本身的承载能力弱，或建筑物上部荷载较大，须预先对土壤层进行人工加工或加固处理后才能承受建筑物荷载的地基称为人工地基。

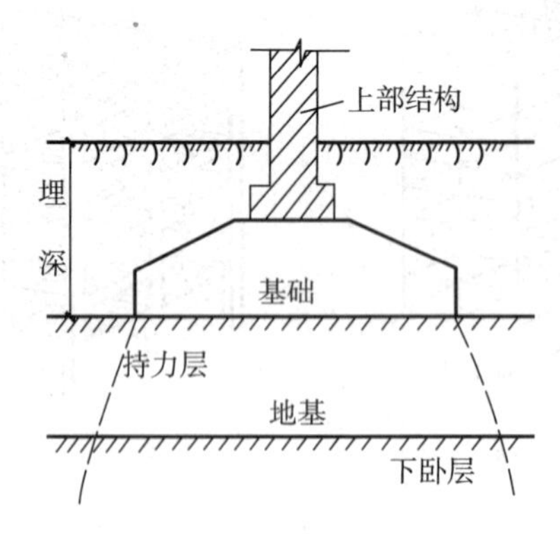

图 4.2.1　地基与基础构造

人工加固地基通常采用压实法、换土法、打桩法等。在地基与基础共同作用下能保证建筑稳定、安全、坚固、耐久。

4.2.2　地基的设计要求

1. 承载力要求

地基的承载力应足以承受基础传来的压力，所以建筑物尽量选择承载力较高的地段。

2. 变形要求

地基的沉降量和沉降差需保证在允许的沉降范围内。建筑物的荷载通过基础传给地基，地基因此产生变形，出现沉降。若沉降量过大，会造成整个建筑物下沉过多，影响建筑物的正常使用；若沉降不均匀，沉降差过大，会引起墙体开裂、倾斜甚至破坏。

3. 稳定性要求

稳定性要求即要求地基有防止产生滑坡、倾斜的能力。

4.2.3　基础的设计要求

1. 强度、稳定性和均匀沉降要求

基础是建筑物的重要构件，它承受着建筑物上部结构的全部荷载，是建筑物安全的重要保证。因此，基础必须具有足够的强度，才能保证将建筑物的荷载可靠地传给地基；要具有良好的稳定性，以保证建筑物均匀沉降，限制地基变形在允许范围内。

2. 耐久性要求

基础是埋在地下的隐蔽工程，在土中受潮而且建成后检查、维修、加固困难，所以在选择基础的材料与构造形式时应该考虑其耐久性，使其与上部结构的使用年限相适应。

3. 经济要求

基础工程占工程总造价的10%～40%，基础的设计要在坚固耐久、技术合理的前提下，尽量选用地方材料以及合理的结构形式，以降低整个工程的造价。

4.2.4 基础的埋置深度

1. 基础埋置深度的概念

室外设计地坪到基础底面的垂直深度为基础的埋置深度，简称基础埋深。基础按其埋深的不同可分为浅基础和深基础。一般情况下，基础埋深不超过 5m 时称为浅基础，超过 5m 时称为深基础。为保护基础，基础的埋置深度一般不应小于 0.5m，如图 4.2.2 所示。

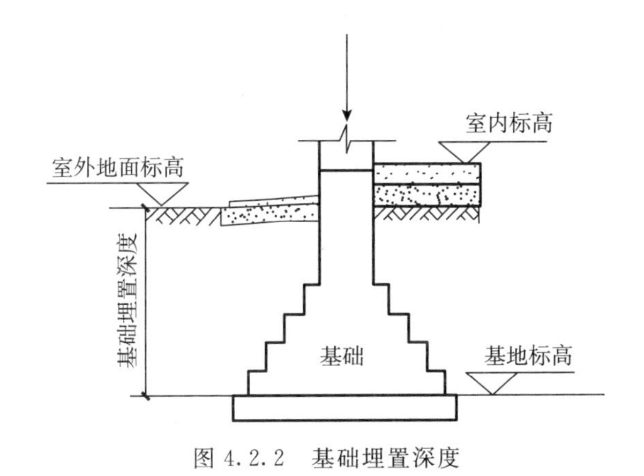

图 4.2.2 基础埋置深度

2. 基础埋深的影响因素

1）建筑物的使用性质

基础埋深应根据建筑物的大小、特点、刚度与地基的特性区别对待。在抗震设防区，除岩石地基外，天然地基上的箱形和筏形基础埋置深度不宜小于建筑物高度的 1/15。位于岩石地基上的高层建筑，基础埋深应满足抗滑稳定性要求。

2）地基土质条件

地基土质的好坏直接影响基础的埋深。土质好、承载力高的土层，基础可以浅埋。如果地基土层均匀，为承载力较好的坚实土层，则应尽量浅埋，但应大于 0.5m。

3）地下水位的影响

地基土含水量的大小对承载力影响很大，所以地下水位高低直接影响地基承载力的大小。房屋的基础应优先埋置在地下水位以上。当地下水位较高，基础不能埋置在地下水位以上时，应将基础底面埋置在最低地下水位 200mm 以下，不应使基础底面处于地下水位变化的范围内。

4）土的冻结深度的影响

地面以下冻结土和非冻结土的分界线称为冰冻线，冰冻线的深度为冰冻深度。当房屋的地基为冻胀性土时，冻结体积膨胀产生的冻胀力会将基础向上拱起，解冻后冻胀力消失，房屋又将下沉。冻结和融化是不均匀的。房屋各部分受力不均匀会产生变形和破坏，因此，建筑物基础应埋置在冰冻线以下 200mm 处。

5）相邻建筑物基础埋深的影响

在原有建筑物附近新建房屋时，应考虑新建房屋荷载对原有建筑物基础的影响。一般情况下，新建建筑物基础埋深不宜大于相邻原有建筑物基础的埋深。当新建建筑物基础的埋深 H 必须大于原有房屋时，基础间的净距 L 应根据荷载大小和性质等确定，一般为 $L=(1\sim2)H$，如图 4.2.3 所示。

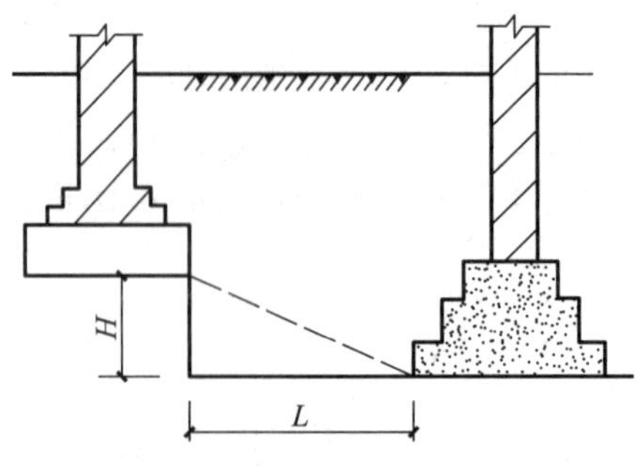

图 4.2.3　基础埋置深度

4.2.5　基础的类型

1. 按所有材料及受力特点分类

1）刚性基础

刚性基础是由砖、石、混凝土、毛石混凝土这类刚性材料做成的。这些材料的共同特点是抗压强度高，而抗拉和抗剪强度低。刚性基础常用于地基承载力较好、压缩性较小的中小型民用建筑。一般砖混结构的房屋基础常采用刚性基础。

2）柔性基础

柔性基础是指用抗拉、抗压、抗弯、抗剪均较好的钢筋混凝土材料做基础，用于地基承载力较差、上部荷载较大、设有地下室且基础埋深较大的建筑。

2. 按构造形式分类

1）条形基础

当建筑物上部结构采用砖墙或石墙承重时，基础沿墙体底部连续设置成长条状，这种基础称为条形基础或带形基础，如图 4.2.4 所示。条形基础是砌体结构建筑基础的基本形式。条形基础的材料一般为砖、石、灰土、三合土等。

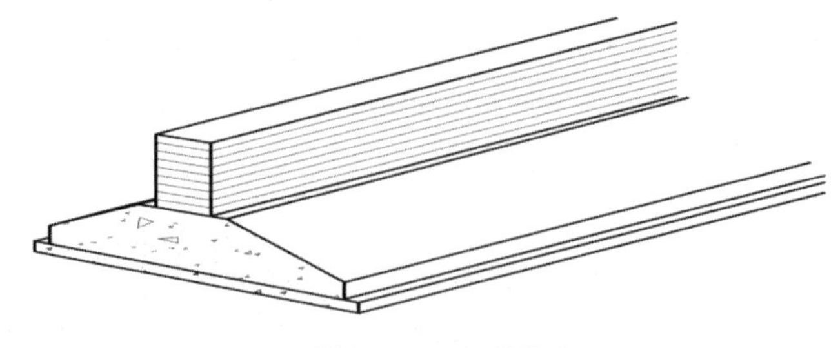

图 4.2.4　条形基础

2）独立基础

当建筑物上部为框架结构或单独柱子承重，且柱距较大时，基础常用方形或矩形的独立基础，这种基础称为独立基础或柱式基础。如果柱子为预制时，则基础做成杯口状，然后将柱子嵌固在杯口内，称为杯形基础，如图 4.2.5 所示。

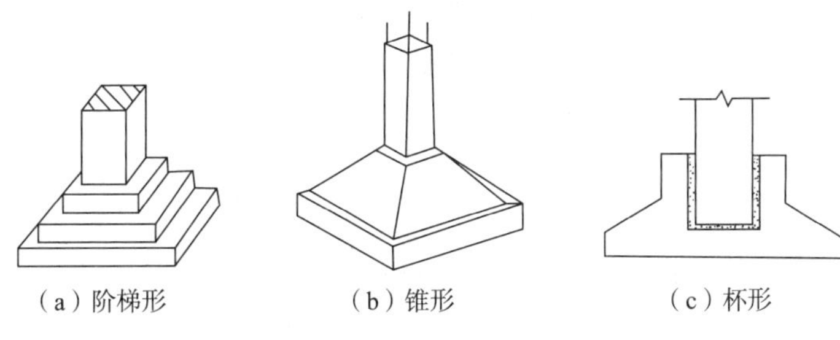

图 4.2.5 独立基础

3) 井格基础

当框架结构处于地基条件较差的情况下，为提高建筑的整体性，以免各柱子间产生不均匀沉降，常将柱下基础沿纵、横方向连接起来，做成十字交叉的井格状，这种基础称为井格式基础或十字带形基础，如图 4.2.6 所示。

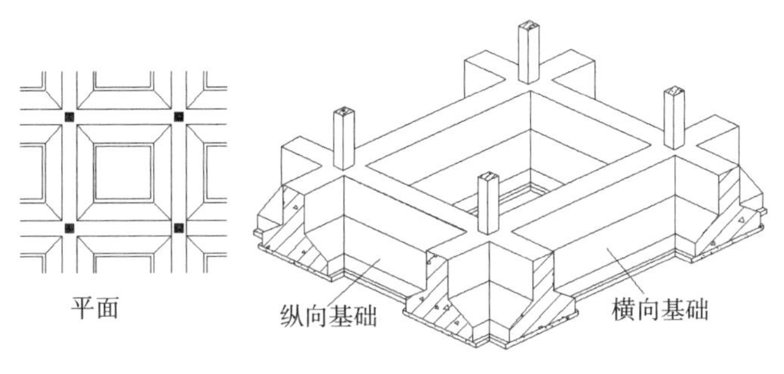

图 4.2.6 井格基础

4) 筏形基础

当建筑物上部荷载较大，而所在地地基承载力又较弱，这时采用简单的条形基础或井格基础已不能满足地基变形的需要，可将墙下或柱下基础连成一片，使整个建筑物的荷载承受在一块整板上，这种基础称为筏形基础，如图 4.2.7 所示。筏形基础按结构形式分为板式结构和梁板式结构两种。

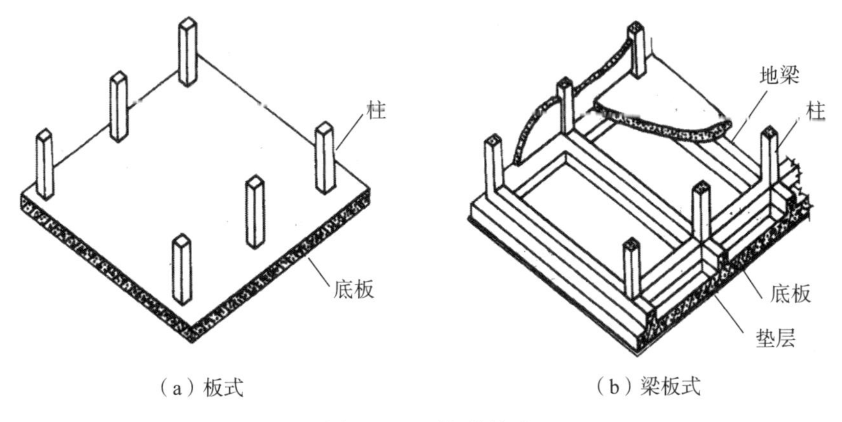

图 4.2.7 筏形基础

5）箱形基础

当建筑物上部荷载很大、高度较高，且地基承载力较小时，基础需要深埋。为减少基础回填土方工程量及充分利用地下空间，常用钢筋混凝土将基础四周的底板、顶板和纵横墙浇筑成整体刚度很大的盒子状以对抗地基的不均匀沉降，这种基础称为箱形基础，如图 4.2.8 所示。

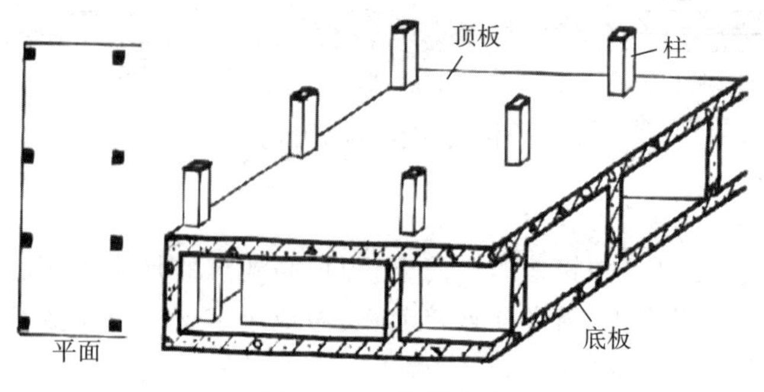

图 4.2.8 箱形基础

6）桩基础

当建造规模比较大的工业与民用建筑时，如果地基的土层较弱较厚，采用浅基础不能满足地基强度和变化要求，做其他人工地基没有条件或不经济时，常采用桩基础，如图 4.2.9 所示。桩基础按桩的受力方式分为端承桩和摩擦桩，按桩的施工方法可分为打入桩、压入桩及灌注桩等，按所用材料分为钢筋混凝土桩、钢管桩等。

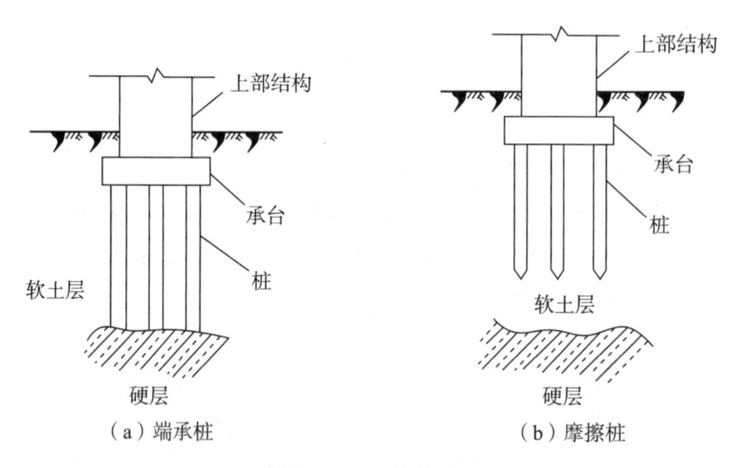

图 4.2.9 桩基础

任务 4.3 墙体构造

4.3.1 墙体的类型

墙是房屋的承重构件。在建筑物中它起围护、分隔作用。

按墙的位置，墙分为内墙、外墙。内墙位于建筑物内部，主要起分隔房间的作用；外墙是建筑物外部四周的墙，是外围护构件，起着围护室内房间不受侵袭的作用。

按墙的布置方式，墙分为纵墙、横墙。沿建筑物长轴方向布置的墙称为纵墙；而沿短轴方向布置的称为横墙，外横墙称为山墙，如图 4.3.1 所示。

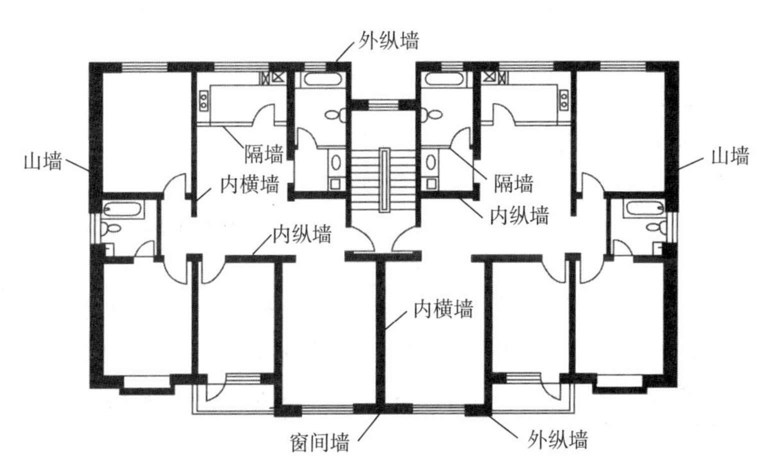

图 4.3.1　墙体的名称

按受力状况，墙分为承重墙、非承重墙。直接承受上部传来荷载的墙称为承重墙；而不承受上部荷载的墙称为非承重墙，非承重墙又包括隔墙、填充墙和幕墙。自身重力由楼板或梁承受，只起分隔内部空间作用的墙称为隔墙；框架结构中填充柱子之间的墙称为框架填充墙；支承或悬挂在骨架、楼板间的外墙又称为幕墙。

按材料不同，墙分为土墙、石墙、砖墙和混凝土墙等。

4.3.2　墙体设计要求

1. 具有足够的承载力和稳定性

墙体的结构稳定性是设计的基本要求，需要保证墙体能够承受各种外力作用，如重力、风力、地震等，同时保持其整体性和稳定性。在设计过程中，需要对墙体的材料、厚度、连接方式等进行合理的选择和设计，以满足结构稳定性的要求。

2. 具有保温隔热性能

墙体的热工性能对于建筑物的能耗和室内环境有着重要的影响。在设计过程中，需要考虑墙体的保温、隔热性能，以及其对室内温度的影响。通过合理的材料选择和结构设计，可以提高墙体的热工性能，降低建筑物的能耗，提高室内环境的舒适度。

3. 具有隔声性能

墙体的隔音效果对于室内环境的舒适度和私密性有着重要的作用。在设计过程中，需要考虑墙体对噪声的隔绝能力，以及其对室内声环境的影响。通过合理的材料选择和结构设计，可以提高墙体的隔音效果，保证室内环境的安静和舒适。

4. 满足防火要求

墙体的防火安全是建筑设计的重要方面之一。在设计过程中，需要考虑墙体的耐火性能和防火隔离能力，以保证建筑物的安全和人员的生命安全。选择具有防火性能的材料和进行合理的结构设计是实现墙体防火安全的关键。

5. 满足防潮、防水、防结露要求

卫生间、厨房、实验室等有水的房间及地下室的墙体应采取防水和防潮措施。墙体的防水防潮工作需要从多个方面综合考虑，选择合适的防水材料和施工方式，确保墙体的干燥和防潮效果。

6. 具有装饰效果

墙体的装饰效果对于建筑物的整体形象和室内环境的美观度有着重要的影响。在设计过程中，需要考虑墙体的外观、颜色、纹理等因素，以及其对室内环境的影响。通过合理的材料选择和结构设计，可以提高墙体的装饰效果，增强建筑物的美观度。

7. 提高经济性

墙体的经济性是设计过程中需要考虑的重要因素之一。在满足功能和性能要求的前提下，应尽可能选择价格低廉、易于获取的材料，同时考虑施工的便利性和维护成本等因素。通过合理的材料选择和结构设计，可以降低墙体的成本，提高其经济性。

8. 满足建筑工业化要求

随着建筑工业化的发展，墙体应用新材料、新技术是建筑技术的发展方向。可通过提高机械化施工程度来提高工效、降低劳动强度，采用轻质、高强的新型墙体材料，以减小自重，提高墙体的质量，缩短工期，降低成本，

4.3.3 砌体墙构造

1. 常用墙体材料

墙体所用材料主要分为块材和黏结材料两部分。标准机制黏土砖(普通砖)、灰砂砖、页岩砖、煤矸石砖、水泥砖、炉渣砖等都是常见的砌筑用的块材。这些块材多为刚性材料，即其力学性能中抗压强度较高，但抗弯、抗剪性能较差。当砌体墙在建筑物中作为承重墙时，整个墙体的抗压强度主要由砌筑块材的强度决定，而不是由黏结材料的强度决定。

2. 砌筑方式

在砌墙时，应遵循错缝搭接、避免通缝、横平竖直、砂浆饱满的基本原则，以提高墙体整体性，减少开裂的可能性。

实体砖墙的组砌：在实体砖墙的组砌中，长边平行于墙面砌筑的砖称为顺砖，垂直于墙面砌筑的砖称为丁砖，每排列一层砖称为一皮。实体砖墙通常采用一顺一丁、三顺一丁、梅花丁、两平一侧、全顺、全丁等砌筑方式，如图 4.3.2 所示。

砌块墙在设计时应给出砌块排列组合图，施工时按图进料和安装。砌块排列组合图一般有各层平面、内外墙立面分块图。在进行砌块的排列组合时，应按墙面尺寸和门窗布置，对墙面进行合理的分块，正确选择砌块的规格尺寸，尽量减少砌块的规格类型，优先采用大规格的砌块作主要砌块，并且尽量使主要砌块的使用率在 70%以上，减少局部补填砖的数量。

3. 墙体的细部构造

墙体的细部构造有勒脚、墙身防潮层、明沟和散水、变形缝等。

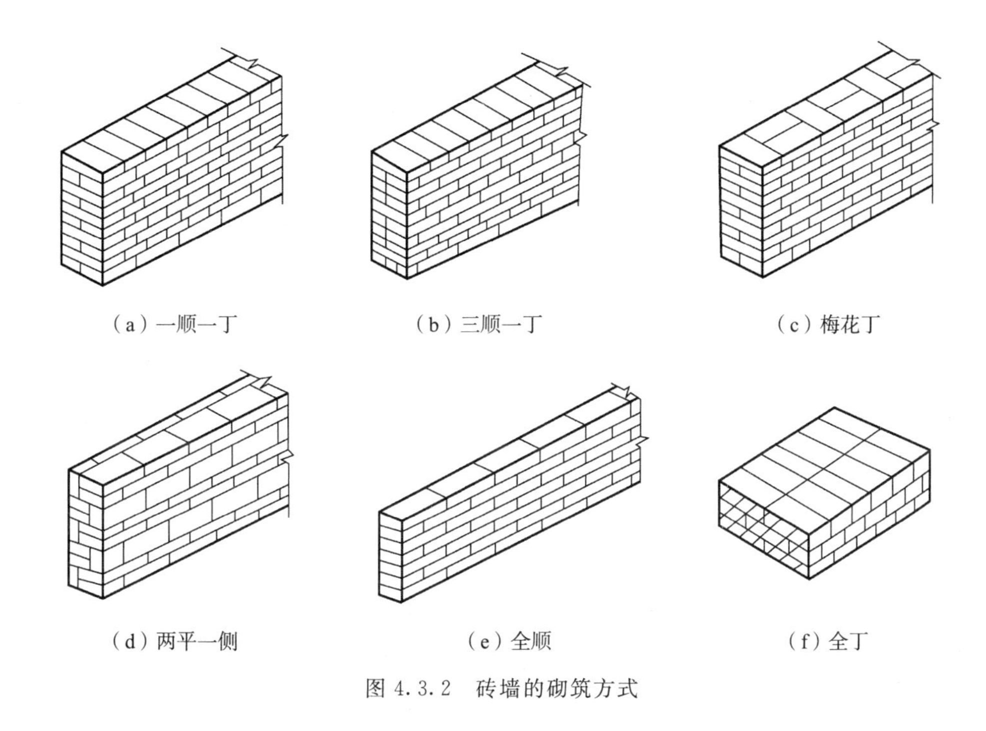

图 4.3.2 砖墙的砌筑方式

1) 勒脚

勒脚是外墙与室外地坪接触的部分,其高度一般为室内地坪与室外设计地面之间的高差部分。一些重要建筑则将底层窗台至室外地面的高度作为勒脚。勒脚的作用是保护墙体,防止地面水、屋檐滴下的雨水溅到墙身或地面水对墙脚的侵蚀,增加建筑物的立面美观。所以,要求勒脚坚固、防水和美观。勒脚的高度应距室外地坪 700mm 以上,如图 4.3.3 所示。

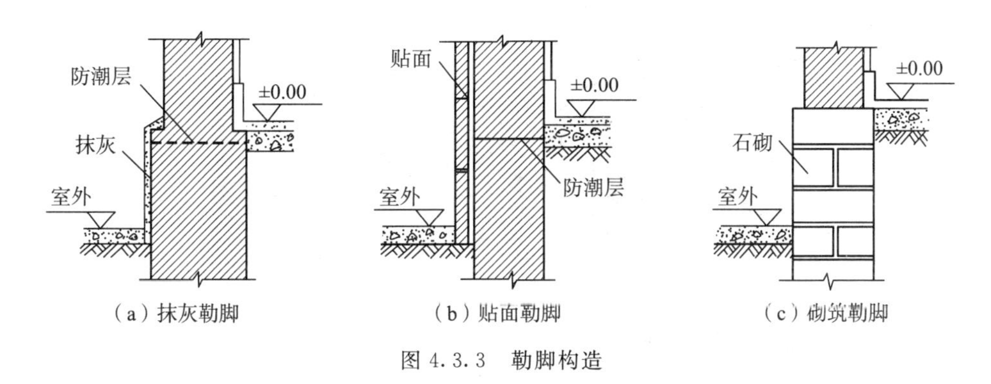

图 4.3.3 勒脚构造

2) 墙身防潮层

为了防止土壤中的水分沿基础上升以及位于勒脚处的地面水渗入墙内,在内、外墙的墙脚部位设置防潮层,有水平防潮层和垂直防潮层。

当室内地面垫层为混凝土等密实材料时,墙身水平防潮层的位置应设在垫层高度范围内,通常在低于室内地坪 60mm(即 -0.060m 标高)处设置;当室内地面垫层为透水材料(如碎石、炉渣等)时,水平防潮层的位置不设在垫层范围内而应设在平齐或高于室内地面一皮砖的地方，即在相对标高+0.060m处。当内墙两侧地面出现高差或室内地面低于室外地面时，应在墙身设高、低两道水平防潮层，并在临土壤一侧设垂直防潮层，如图4.3.4所示。

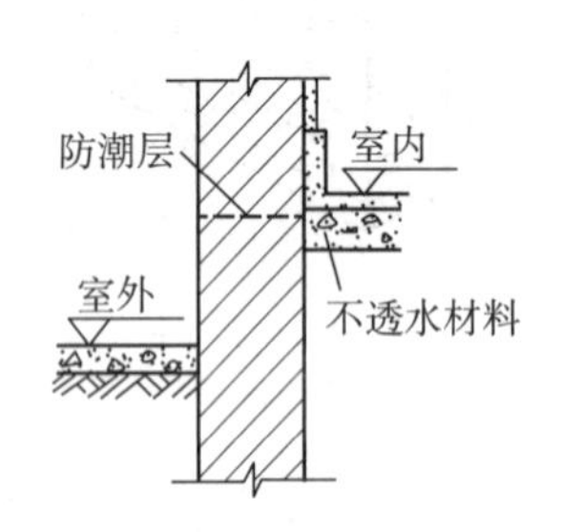

（a）采用不透水材料垫层防潮时

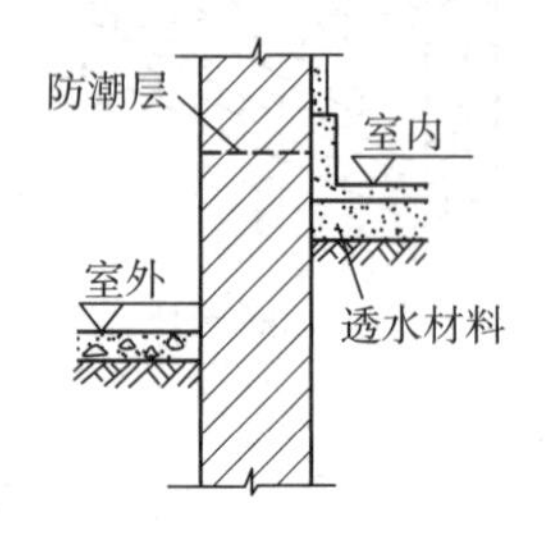

（b）采用透水材料垫层防潮时

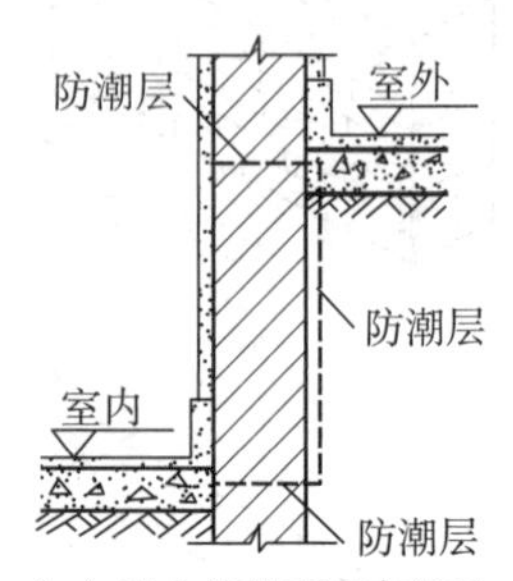

（c）室内外地面有高差时

图4.3.4　墙身防潮层构造

3）明沟和散水

明沟又称排水沟，材料一般用素混凝土现浇，外抹水泥砂浆，或用砖砌筑，外用水泥砂浆抹面。明沟通常用混凝土浇筑成宽180mm、深150mm沟槽。槽底应有不小于1%的坡度，以确保排水流畅。当用砖砌明沟时，槽内用水泥砂浆抹面；用块石砌筑的明沟，应用水泥砂浆勾缝。明沟用于降雨量较大的南方地区。

为保护墙基不受雨水的侵蚀，常在外墙四周将地面做成向外倾斜的坡面，以便将屋面雨水排至远处，这一坡面称为散水或护坡，如图4.3.5所示。还可以在外墙四周做明沟，将通过水落管流下的屋面雨水等有组织地导向地下集水井（又称为集水口），然后流入排水系统。散水所用材料与明沟相同，散水坡度约5%，宽度一般为600～1000mm。当屋面排水方式为自由落水时，要求散水宽度比屋檐长出200mm。

图4.3.5　散水

4）变形缝

变形缝包括伸缩缝、沉降缝和防震缝。

（1）伸缩缝

伸缩缝又称温度缝，建筑伸缩缝即温度缝，是指为防止建筑物构件由于气候温度变化（热胀、冷缩），结构产生裂缝或破坏而沿建筑物或者构筑物施工缝方向的适当部位设置的一条构造缝。伸缩缝是将基础以上的建筑构件如墙体、楼板、屋顶(木屋顶除外)等分成两个独立部分,使建筑物或构筑物沿长方向可做水平伸缩,伸缩缝缝内应填保温材料。

(2) 沉降缝

沉降缝是指为防止建筑物各部分由地基不均匀沉降引起房屋破坏所设置的垂直缝。当房屋相邻部分的高度、荷载和结构形式差别很大而地基又较弱时,房屋有可能产生不均匀沉降,致使某些薄弱部位开裂。为此,应在适当位置如复杂的平面或体形转折处,高度变化处,荷载、地基的压缩性和地基处理方法明显不同处设置沉降缝。沉降缝与伸缩缝的不同之处是除屋顶、楼板、墙身都要断开外,基础部分也要断开,使相邻部分也可以自由沉降、互不牵制。沉降缝宽度要根据房屋的层数确定。

(3) 防震缝

在地震区设计多层砖混结构房屋时,为防止地震使房屋破坏,应用防震缝将房屋分成若干形体简单、结构刚度均匀的独立部分。防震缝一般从基础顶面开始,沿房屋全高设置。缝的宽度按建造物高度和所在地区的地震烈度来确定。

变形缝的构造较复杂,设置变形缝使建筑造价有所增加,故有些大工程采取加强建筑物的整体性的方法,使其具有足够的强度与刚度。

4.3.4 墙身加固措施

1. 加壁柱和门垛

当墙体的窗间墙上出现集中荷载而墙厚又不足以承担其荷载,或者当墙体的长度和高度超过一定限度并影响到墙体稳定性时,常在墙身适当位置增设凸出墙面的壁柱以提高墙体刚度。当在较薄的墙体上开设门洞时,为便于门框的安置和保证墙体的稳定,须在门靠墙转角处或丁字接头墙体的一边设置门垛,门垛凸出墙面不少于120mm,宽度同墙厚。

2. 加圈梁

圈梁是沿外墙四周及部分内墙设置在楼板处的连续闭合的梁,可提高建筑物的空间刚度及整体性,增加墙体的稳定性,减少地基不均匀沉降而引起的墙身开裂。对于抗震设防地区,利用圈梁加固墙身更加有必要。圈梁有钢筋砖圈梁和钢筋混凝土圈梁两种。钢筋砖圈梁就是将前述的钢筋砖过梁沿外墙和部分内墙一周连通砌筑而成。钢筋混凝土圈梁的高度不小于120mm,宽度与墙厚相同。当圈梁被门窗洞口截断时,应在洞口上部增设相同截面的附加圈梁,其配筋和混凝土强度等级均不变。

3. 设构造柱

钢筋混凝土构造柱是从构造角度考虑设置的,是防止房屋倒塌的一种有效措施。构造柱必须与圈梁及墙体紧密相连,从而加强建筑物的整体刚度,提高墙体抗变形的能力。由于建筑物的层数和抗震设防烈度不同,构造柱的设置要求也不相同。

4. 设过梁

当墙体上开设门窗洞口时,为了支撑上部砌体所传来的各种荷载,并将这些荷载传给窗间墙,通常在门窗洞口处设置横梁,该梁称过梁。由于砌体相互错缝咬接,同时过梁上的墙体在砂浆硬结后具有拱的作用,所以过梁上墙体的重量并不完全由过梁承担,其中部分重量直接传给洞口两侧的墙体。

过梁的形式较多，可直接用砖砌筑，也可用钢筋混凝土、木材和型钢制作。

4.3.5 隔墙

隔墙是分隔室内空间的非承重构件。隔墙应注意以下要求：自重轻，有利于减轻楼板的荷载；厚度薄，增加建筑的有效空间；便于拆卸，能随使用要求的改变而变化；有一定的隔声能力，使各使用房间互不干扰；满足不同使用部位的要求，如卫生间的隔墙要求防水、防潮，厨房的隔墙要求防潮、防火等。

隔墙的类型很多，按其构成方式可分为块材隔墙、轻骨架隔墙、板材隔墙三大类。

1. 块材隔墙

块材隔墙是用普通砖、空心砖、加气混凝土等块材砌筑而成的。常用的有普通砖隔墙和砌块隔墙。目前，框架结构中大量采用的框架填充墙也是一种非承重块材墙，既作为外围护墙，也作为内隔墙使用。

2. 轻骨架隔墙

轻骨架隔墙由骨架和面板层两部分组成。骨架有木骨架和金属骨架之分，面板有板条抹灰、钢丝网板条抹灰、胶合板、纤维板、石膏板等。常见的有板条抹灰隔墙和立筋面板隔墙。板条抹灰隔墙是由上槛、下槛、墙筋斜撑或横档组成木骨架，其上钉以板条再抹灰而成。立筋面板隔墙的面板用人造胶合板、纤维板或其他轻质薄板，骨架由木质或金属组合而成。

3. 板材隔墙

板材隔墙是指各种轻质板材的高度相当于房间净高，不依赖骨架，可直接装配而成。目前多采用条板，如碳化石灰板、加气混凝土条板、多孔石膏条板、纸蜂窝板、水泥刨花板、复合板等。

4.3.6 墙面装修

墙面装修是建筑装饰中的重要内容之一，它可以保护墙体，提高墙体的耐久性，改善墙体的热工性能、光环境和卫生条件，还可以美化环境，丰富建筑的艺术形象。

按其所处的部位不同，可分为室外装修和室内装修。按材料及施工方式的不同可分为抹灰类、贴面类、涂料类、裱糊类和板材类五大类。

1. 抹灰类

抹灰又称粉刷，是我国传统的饰面做法。其材料来源广泛，施工操作简便，造价低廉，应用广泛。抹灰分为 3 类：①一般抹灰，有石灰砂浆抹灰、混合砂浆抹灰、水泥砂浆抹灰、聚合物水泥砂浆抹灰、麻刀灰抹灰、纸筋灰抹灰、石膏浆罩面等。②装饰抹灰，有水磨石、水刷石、干黏石、斩假石、拉毛灰、喷涂、滚涂、弹涂、彩色抹灰和装饰灰线等。③特种抹灰，有对 X 射线起阻隔作用的重晶石砂浆抹灰，耐酸砂浆抹灰、防水砂浆抹灰、保温砂浆抹灰等。

2. 贴面类

贴面类墙面装修是指利用各种天然的或人造的板、块对墙面进行的装修处理。这类装修具有耐久性强、施工方便、质量高、装修效果好等特点。常见的贴面材料包括陶、瓷面砖、玻璃马赛克、水刷石和水墨石等预制板以及花岗岩、大理石等天然石板。其中,质感细腻的瓷砖、大理石板多用作室内装修;而质感粗放、耐久性较好的陶瓷面砖、马赛克、花岗岩板等多用作室外装修。

3. 涂料类

涂料类墙面装修是指利用各种涂料涂敷于基层表面,形成完整牢固的膜层,起到保护和美化墙面的一种饰面做法,是饰面装修中较为简便的一种形式。与传统的墙面装修相比,尽管大多数涂料的使用年限较短,但由于它们具有造价低、装饰性好、工期短、工效高、自重轻,以及施工操作、维修、更新都比较方便等特点,是一类最有发展前途的装饰材料之一。

建筑中涂料的品种很多,选用时应根据建筑物的使用功能、墙体周围环境、墙身不同部位,以及施工和经济条件等,选择附着力强、耐久、无毒、耐污染、装饰效果好的涂料。用于外墙面的涂料,应具有良好的耐久、耐冻、耐污染性能。内墙涂料除应满足装饰要求外,还需有一定的强度和耐擦洗性能。炎热多雨地区选用的涂料,应有较好的耐水性、耐高温性和防霉性。寒冷地区则对涂料的抗冻融性及成膜温度有要求。建筑涂料的种类很多,按成膜物质可分为有机类涂料、无机类涂料和有机无机复合涂料;按建筑涂料分散介质可分为溶剂型涂料、水溶性涂料和水乳型涂料(乳液型);按建筑涂料的功能可分为装饰涂料、防火涂料、防水涂料、防腐涂料、防霉涂料和防结露涂料等;按涂料的厚度和质感可分为薄质涂料、厚质涂料和复层涂料等。

4. 裱糊类

裱糊类墙面装修用于建筑内墙,是将卷材类软质饰面装饰材料用胶粘贴到平整基层上的装修做法。裱糊类墙体饰面装饰性强,造价较经济,施工方法简洁、效率高,饰面材料更换方便,在曲面和墙面转折处粘贴可以顺应基层获得连续的饰面效果。裱糊类墙面的饰面材料种类很多,常用的有墙纸、墙布、锦缎、皮革、薄木等。锦缎、皮革和薄木裱糊墙面属于高级室内装修,用于室内使用要求较高的场所。

5. 板材类

板材类装修是指采用天然木板或各种人造薄板,借助镶钉胶等固定方式对墙面进行装饰处理。板材类墙面由骨架和面板组成,骨架有木骨架和金属骨架,面板有硬木板、胶合板、纤维板、石膏板等各种装饰面板和近年来应用日益广泛的金属面板。

任务 4.4　楼地层构造

4.4.1　楼地层的组成和设计要求

楼板层和地坪层都是垂直分隔建筑空间的水平构件。楼板层是分隔楼层空间的水平承重构件;地坪层是指底层房间与土壤相交接处的水平构件。

1. 楼地层的类型、组成

楼板层主要由面层、结构层和顶棚 3 个部分组成,根据使用的实际需要可在楼板层中设置附加层,如图 4.4.1 所示。

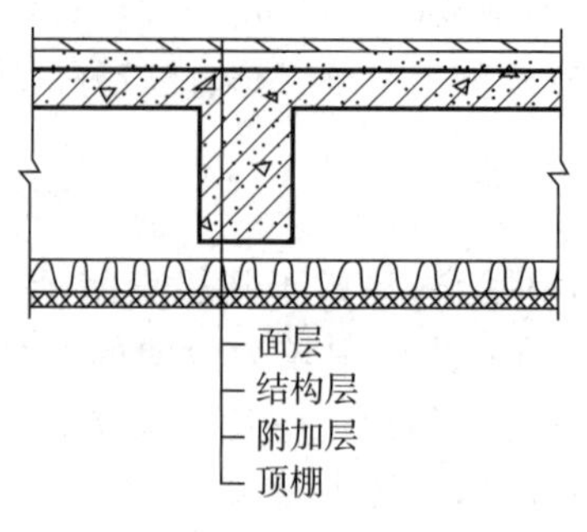

图 4.4.1 楼板层的组成

1) 面层

面层位于楼板层上表面,故又称为楼地面。面层与人、家具、设备等直接接触,起着保护楼板、承受并传递荷载的作用,同时对室内有重要的装饰作用。

2) 结构层

结构层即楼板,是楼板层的承重部分,一般由板或梁板组成。其主要功能是承受楼板层上部荷载,并将荷载传递给墙或柱,同时还对墙身起水平支撑作用,以加强建筑物的整体刚度。

3) 附加层

附加层位于面层与结构层或结构层与顶棚之间,根据楼板层的具体功能要求而设置,故又称为功能层。其主要作用是找平、隔声、隔热、保温、防水、防潮、防腐蚀、防静电等。

4) 顶棚

顶棚位于楼板最下面,也是室内空间上部的装修层,俗称天花板。顶棚主要起到保温、隔声、装饰室内空间的作用。

2. 地坪层的组成

地坪层是指建筑物底层与土壤相交接的水平部分,承受其上的荷载,并将其均匀地传给其下的地基。地坪层主要由面层、垫层和基层三部分组成,有些有特殊要求的地面,只有基本层次不能满足使用要求,需要增设相应的附加层(如找平层、防水层、防潮层、保温层等)。

地坪层的面层、附加层与楼板层的类似,这里不再赘述。

基层为地坪层的承重层,也叫地基。当其土质较好、上部荷载不大时,一般采用原土夯实或填土分层夯实;否则应对其进行换土或夯入碎砖、砾石等处理。

垫层是地坪层中起承重和传递荷载作用的主要构造层次,按其所处位置及功能要求的不同,通常有三合土、素混凝土、毛石混凝土等几种做法。

3. 楼地层的设计要求

(1) 具有足够的强度和刚度。强度要求是指楼地层应保证在自重和荷载作用下安全可靠,不发生破坏;刚度要求是指楼地层应在一定荷载作用下不发生过大的变形,保证正常使用。

(2) 具有一定的隔声能力。声音可通过空气传声和撞击传声方式将一定音量通过楼地层传到相邻的上下空间,为避免其造成的干扰,楼板层必须具备一定的隔撞击传声的能力。

(3) 具有一定的热工性能及防火能力。楼地层一般应有一定的蓄热性,以保证人们使用时的舒适感,同时还应有一定的防火能力,以保证火灾发生时人们逃生的需要。

(4) 具有一定的防潮、防水能力。对于卫生间、厨房等地面潮湿易积水的房间应做好防潮、防水、防渗漏和耐腐蚀处理。

(5) 满足各种管线的敷设,以保证室内平面布置更加灵活,空间使用更加完整。

(6) 满足经济要求,适应建筑工业化。在建筑选型、结构布置和构造方案确定时,应按建筑质量标准和使用要求,尽量减少材料消耗,降低成本,满足建筑工业化的需要。

4.4.2 钢筋混凝土楼板构造

钢筋混凝土楼板按照施工方式可分为现浇钢筋混凝土楼板、装配式钢筋混凝土楼板和装配整体式钢筋混凝土楼板3种。

1. 现浇钢筋混凝土楼板

现浇钢筋混凝土楼板是在施工现场经过支模板、绑扎钢筋、浇筑混凝土、养护等施工工序而制成的楼板。它具有整体性好、抗震性强、防水抗渗性好、便于留孔洞、布置管线方便、适应各种建筑平面形状等优点,但有模板用量大、施工速度慢、现场湿作业量大、施工受季节影响等缺点。近年来,由于工具式模板的采用和现场机械化程度的提高,现浇钢筋混凝土楼板的应用越来越广泛。

现浇钢筋混凝土楼板按受力和传力情况可分为板式楼板、梁板式楼板、无梁楼板、压型钢板组合楼板等。

1) 板式楼板

板式楼板是楼板内不设置梁,将板直接搁置在墙上的楼板。板式楼板底面平整、美观、施工方便,适用于小跨度房间,如走廊、厕所和厨房等。板式楼板的厚度一般不超过120mm,经济跨度在3000mm之内。

2) 梁板式楼板

当房间的跨度较大时,楼板承受的弯矩也较大,如仍采用板式楼板必然需加大板的厚度和增加板内所配置的钢筋。在这种情况下,可以采用梁板式楼板。

梁板式楼板一般由板、次梁、主梁组成。主梁沿房间短跨布置,次梁与主梁一般垂直相交,板搁置在次梁上,次梁搁置在主梁上,主梁搁置在墙或柱上。主、次梁布置对建筑的使用、造价和美观等有很大影响。当板为单向板时,称为单向梁板式楼板;当板为双向板时,称为双向梁板式楼板。

井字楼板是梁板式楼板的一种特殊形式。当房间平面形状为方形或接近方形时,常沿两个方向布置等距离、等截面高度的梁(不分主、次梁),板为双向板,形成井格形式的梁板结构。井字楼板的跨度一般为6~10m,板厚为70~80mm,井格边长一般在2.5m内。井字楼板一般井格外露,产生结构带来的自然美感,房间内不设柱,适用于门厅、大厅、会议室、小型礼堂等。

3) 无梁楼板

无梁楼板是将板直接支承在柱和墙上,不设梁的楼板。为提高楼板的承载能力和刚度，须在柱顶设置柱帽和柱板，增大柱对板的支承面积和减小板的跨度。无梁楼板通常为正方形或接近正方形，柱网尺寸在6m左右，板厚不宜小于120mm，一般为160～200mm。

无梁楼板顶棚平整，楼层净空大，采光、通风好，多用于楼板上活荷载较大的商店、仓库、展览馆等建筑。

4）压型钢板组合楼板

压型钢板组合楼板是以截面为凹凸的压型钢板做衬板，与现浇混凝土浇筑在一起构成的楼板结构，如图4.4.2所示。压型钢板起到现浇混凝土的永久性模板的作用，同时板上的肋条能与混凝土共同工作，可以简化施工程序，加快施工进度，并且具有刚度大、整体性好的优点。压型钢板的肋部空间可用于电力管线的穿设。还可以在钢衬板底部焊接架设悬吊管道、吊顶的支托等，从而充分利用楼板结构所形成的空间。此种楼板适用于需要较大空间的高（多）层民用建筑及大跨度工业厂房中，目前在我国较少采用。

图4.4.2　压型钢板组合楼板

2. 装配式钢筋混凝土楼板

装配式钢筋混凝土楼板是指在预制厂或施工现场制作，然后在施工现场装配而成的楼板。这种楼板可提高工业化施工水平，节约模板，缩短工期，减少施工现场的湿作业，但楼板的整体性差，板缝嵌固不好时容易出现通长裂缝。

常用的装配式钢筋混凝土楼板根据其截面形式，可分为实心平板、槽形板、空心板3种。

1）实心平板

实心平板上、下板面平整，制作简单，安装方便，如图4.4.3所示。实心平板跨度一般不超过2.4m，预应力实心平板跨度可达到2.7m；板厚应不小于跨度的1/30，一般为60～100mm，板宽为600mm或900mm。预制实心板由于跨度较小，故常用于房屋的走廊、厨房、厕所等处。实心板尺寸不大，重量较小，可以采用简易吊装设备或人工安装，它的造价低，但隔声效果较差。

2）槽形板

在实心平板的两侧或四周设边肋而形成的槽形板，如图4.4.4所示。板肋相当于小梁，故属于梁、板组合构件。槽形板以搁置方式不同，可分为正置槽形板（板肋朝下）和倒置槽形板（板肋朝上）。

图 4.4.3 实心平板

图 4.4.4 槽形板

3）空心板

钢筋混凝土受弯构件受力时，其截面上部由混凝土承受压力，截面下部由钢筋承担拉力，中性轴附近内力较小，去掉中性轴附近的混凝土并不影响钢筋混凝土构件的正常工作。空心板就是按照上述原理将平板沿纵向轴抽空而成，孔洞形状有圆形、长方圆形和矩形等，如图 4.4.5 所示，其中以圆孔板的制作最为方便，应用最广。

图 4.4.5 空心板

空心板在安装前，孔的两端应用混凝土预制块和砂浆堵严，这样不仅能避免板端被上部墙体压坏，还能避免传声、传热以及灌缝材料流入孔内。空心板板面不能随意开洞，如需开孔洞，应在板制作时就预先留孔洞位置。空心板安装后，应将四周的缝隙用细石混凝土灌注，以增强楼板的整体件、增加房屋的整体刚度和避免缝隙漏水。

3. 装配整体式钢筋混凝土楼板

装配整体式钢筋混凝土楼板是先预制部分构件，然后在现场安装，再以整体浇筑的方法将其连成一体的楼板。它具有整体性好、施工简单、工期较短等优点，避免了现浇钢筋混凝土楼板湿作业量大、施工复杂和装配式楼板整体性较差的不足。常用的装配整体式楼板有叠合楼板和密肋填充块楼板两种。

1）叠合楼板

叠合楼板是由预制板和现浇钢筋混凝土层叠合而成的装配整体式楼板。这种楼板的预制部分可以采用预应力实心薄板、钢筋混凝土空心板等形式。叠合楼板具有较好的整体性，其上下表面平整，便于饰面层装修，特别适用于对整体刚度要求较高的高层建筑和大开间建筑。一般而言，叠合楼板的跨度在4～6m，具有抗震性能好、节约模板等优点。

2）密肋填充块楼板

密肋填充块楼板的密肋小梁有现浇和预制两种。现浇密肋填充块楼板是以陶土空心砖、矿渣混凝土实心块等作为肋间填充块来现浇密肋和面板而成。预制小梁填充块楼板是在预制小梁之间填充陶土空心砖、矿渣混凝土实心块、煤渣空心块等，上面现浇面层而成。密肋填充块楼板板底平整，有较好的隔声、保温、隔热效果，在施工中空心砖还可起到模板作用，也有利于管道的敷设。此种楼板常用于学校、住宅、医院等建筑中。

4.4.3 楼地面装修构造

楼地面是指楼板层和地坪层的面层部分。按楼地面所用材料和施工方式的不同，楼地面可分为整体类楼地面、块材类楼地面、卷材类楼地面和涂料类楼地面等。

1. 整体类楼地面

1）水泥砂浆楼地面

水泥砂浆楼地面是使用普遍的一种地面，其构造简单、坚固、能防潮、防水且造价又低。但水泥地面蓄热系数大，冬天感觉冷，空气湿度大时易产生凝结水，而且表面起灰，不易清洁。其做法是：先将基层用清水洗干净，然后在基层上用15～20mm厚1∶3的水泥砂浆打底找平，再用5～10mm厚1∶2或1∶1.5的水泥砂浆抹面、压光。若基层较平整，也可以在基层上抹一道素水泥浆结合层，然后直接抹20mm厚1∶2.5或1∶2的水泥砂浆抹面，待水泥砂浆终凝前进行至少两次压光，在常温湿润条件下养护。

2）细石混凝土楼地面

细石混凝土楼地面是用水泥、砂和小石子级配而成的细石混凝土做面层。细石混凝土楼地面可以克服水泥砂浆楼地面干缩性大的缺点，这种地面强度高，干缩性小，耐磨，耐久性、防水性好，不易开裂翻砂；但厚度较大，一般为35mm。

2. 块材类楼地面

块材类楼地面是指利用各种块材铺贴而成的楼地面，按面层材料不同可分为陶瓷板块楼地面、石板楼地面、木楼地面等。

1）陶瓷板块楼地面

用于楼地面的陶瓷板块有缸砖、陶瓷锦砖、釉面陶瓷块残等。这类楼地面的特点是表面致密光洁、耐磨、耐腐蚀、吸水率低、不变色，但造价偏高，一般适用于用水的房间以及有腐蚀的房间，如厕所、盥洗室、浴室和实验室等。

其做法是在基层上用15～20mm厚1∶3的水泥砂浆打底、找平；再用5mm厚的1∶1的水泥砂浆（掺适量108胶）粘贴楼地面砖、缸砖、陶瓷锦砖等，用橡胶锤锤击，以保证黏结牢固，避免空鼓；最后用素水泥擦缝。

2）石板楼地面

石板楼地面包括天然石楼地面和人造石楼地面。天然石有大理石和花岗石等，人造石有预制水磨石板、人造大理石板等。这些石板尺寸较大，一般为 500mm×500mm 以上，铺设时需预先试铺，合适后再正式粘贴，粘贴表面的平整度要求高。其构造做法是在混凝土垫层上先用 20～30mm 厚(1∶3)～(1∶4)的干硬性水泥砂浆找平，再用 5～10mm 厚 1∶1 的水泥砂浆铺枯石板，最后用水泥浆灌缝(板缝应不大于 1mm)，待能上人后擦净。

3)木楼地面

木楼地面的主要特点是有弹性、不起灰、不返潮、易清洁、保温性好，但耐火性差，保养不善时易腐朽，且造价较高，一般用于装修标准较高的住宅、宾馆、体育馆、健身房、剧院舞台等建筑中。

木楼地面按构造方式不同，有空铺式和实铺式两种。

(1) 空铺式木楼地面常用于底层楼地面，其做法是将木地板架空，使地板下有足够的空间通风，以防木地板受潮腐烂，如图 4.4.6 所示。空铺式木楼地面构造复杂，耗费木材较多，脚感舒适。

图 4.4.6　空铺式木楼地面

(2) 实铺式木楼地面是将木楼地面用黏结材料直接粘贴在钢筋混凝土楼板或混凝土垫层上的砂浆找平层上，如图 4.4.7 所示。

图 4.4.7　实铺式木楼地面

3. 卷材类楼地面

卷材类楼地面是指将卷材如塑料地毡、橡胶地毡、化纤地毯、纯羊毛地毯、麻纤维地毯等直接铺在平整的基层上的楼地面。卷材可满铺、局部铺,也可干铺、粘贴等。

4. 涂料类楼地面

涂料类楼地面是利用涂料涂刷或涂刮而成。它是水泥砂浆楼地面的一种表面处理形式,用以改善水泥砂浆楼地面在使用和装饰方面的不足。

地板漆是传统的楼地面涂料,它与水泥砂浆楼地面黏结性差,易磨损、脱落,目前已逐步被人工合成高分子材料所取代。

人工合成高分子涂料是由合成树脂代替水泥或部分代替水泥,再加入填料、颜料等搅拌混合而成的材料,经现场涂布施工,硬化以后形成整体的涂料类楼地面。它的突出特点是无缝,易于清洁,并且施工方便,造价较低,可以提高楼地面的耐磨性、韧性和不透水性,适用于一般建筑水泥楼地面装修。

4.4.4 顶棚构造

顶棚是楼板层下面的装修层。对顶棚的基本要求是光洁,美观,能通过反射光照来改善室内采光和卫生状况,对特殊房间还要求具有防水、隔声、保温、隐蔽管线等功能,

顶棚按构造做法可分为直接式顶棚和吊式顶棚两种。

1. 直接式顶棚

直接式顶棚是指直接在钢筋混凝土楼板下表面喷刷涂料、抹灰或粘贴装修材料的一种构造形式。直接式顶棚不占据房间的净空高度,构造简单、造价低、效果好,适用于多数房间,但易剥落、维修周期短、不适用于需要布置管网的顶棚。

1) 直接喷刷涂料顶棚

当楼板底面平整,室内装饰要求不高时,可在楼板底面填缝刮平后直接喷刷大白浆、石灰浆等涂料,以增加顶棚的反射光照作用。

2) 抹灰顶棚

当楼板底面不够平整或室内装修要求较高时,可在楼板底抹灰后再喷刷涂料。顶棚抹灰可用纸筋灰、水泥砂浆和混合砂浆等,其中纸筋灰应用最普遍。纸筋灰抹灰应用混合砂浆打底,再用纸筋灰罩面。

3) 贴面顶棚

对于某些有保温、隔热、吸声要求的房间,以及楼板底不需要敷设管线而装修要求又高的房间,可在楼板底用砂浆打底找平后,用黏结剂粘贴墙纸、泡沫塑料板、铝塑板或装饰吸声板等,形成贴面顶棚。

2. 吊式顶棚

吊式顶棚是指当房间顶部不平整或楼板底部需要敷设导线、管线、其他设备或建筑本身要求平整、美观时,在屋面板(楼板)下,通过设吊筋将主、次龙骨所形成的骨架固定,在骨架下固定各类装饰板组成的顶棚。

1）吊顶的设计要求

(1) 吊顶应具有足够的净空高度，以便进行各种设备管线的敷设。

(2) 合理地安排灯具、通风口的位置，以符合照明、通风的要求。

(3) 选择合适的材料和构造做法，使其燃烧性能和耐火极限满足防火规范的规定。

(4) 吊顶应便于制作、安装和维修。

(5) 对于特殊房间，吊顶棚应满足隔声、音质、保温等特殊要求。

(6) 应满足美观和经济等方面的要求。

2）吊顶的构造

吊顶由龙骨和面板组成。吊顶龙骨用来固定面板并承受其重力，一般由主龙骨和次龙骨两部分组成。主龙骨通过吊顶与楼板相连，一般单向布置；次龙骨固定在主龙骨上，布置方式和间距视面层材料和顶棚外形而定。主龙骨按所用材料不同，可分为金属龙骨和木龙骨两种。为节约木材、减小自重以及提高防火性能，现在多采用薄钢带或铝合金制作的轻型金属龙骨。面板有木质板、石膏板和铝合金板等。

4.4.5 阳台和雨篷

1. 阳台

阳台是楼房建筑中与房间相连的室外平台，它提供了一个室外活动的小空间，人们可以在阳台上晒衣、休息、瞭望或从事家务活动，同时对建筑物的外部形象也起一定的美化作用。

1）阳台的分类

阳台由阳台板和栏板组成。按阳台与外墙的相对位置可分为凸阳台、凹阳台和半凸半凹阳台3类。凸阳台是指全部阳台挑出墙外；凹阳台是指整个阳台凹入墙内；半凸半凹阳台是指阳台部分挑出墙外，部分凹入墙内，如图4.4.8所示。

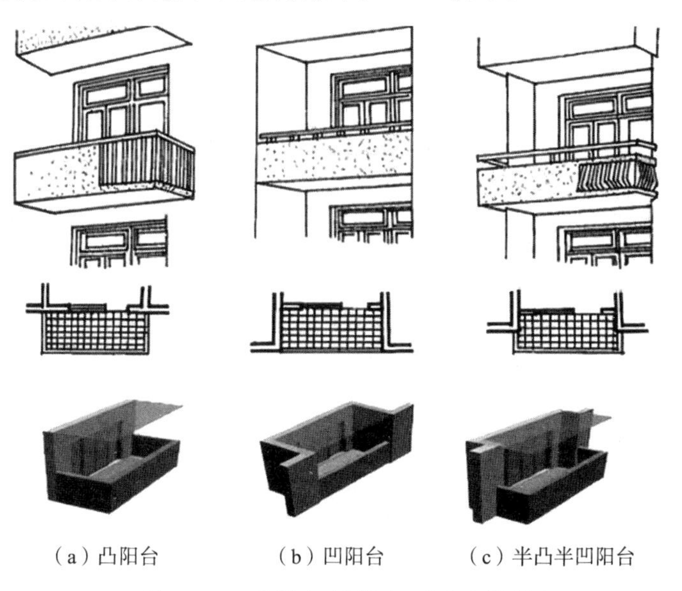

(a) 凸阳台　(b) 凹阳台　(c) 半凸半凹阳台

图4.4.8 凸阳台、凹阳台、半凸半凹阳台

阳台按施工方法可以分为现浇式钢筋混凝土阳台和预制装配式钢筋混凝土阳台。现浇式钢筋混凝土阳台具有结构布置简单、整体刚度好、抗震性好、防水性能好等优点；其缺点是模板用量较多，现场工作量大。预制装配式钢筋混凝土阳台便于工业化生产，但其整体性、抗震性较差。

按阳台是否封闭，可分为封闭阳台和非封闭阳台。

2）阳台的结构布置

阳台作为水平承重构件，其结构形式及布置方式与楼板结构统一考虑。阳台板是阳台的承重构件。阳台可分为凹阳台和凸阳台两种。

凹阳台多采用墙承式，即将阳台板直接搁置在墙上。它是将阳台板简支于两侧凸出的墙上，阳台板可以现浇也可以预制，一般与楼板施工方法一致。阳台的跨度与对应房间的开间相同。阳台板型和尺时同房间楼板一致，这种方式施工方便，在寒冷的地区采用搁板式阳台可以避免热桥，节约能源。

凸阳台阳台板的承重方式主要有挑板式、挑梁式和压梁式3种。

（1）挑板式

挑板式阳台的一种做法是利用预制楼板延伸外挑做阳台板，这种承重方式构造简单，施工方便；但预制板较长，板型增多，且对寒冷地区保温不利。有的地区采用变截面板，即在室内部分为空心板，挑出部分为实心板。阳台上有楼板接缝，接缝处理要求平整、不漏水。

（2）挑梁式

当楼板为预制楼板，结构布置为横墙承重时，可选择挑梁式。即从横墙内向外伸挑梁，其上搁置预制板。阳台荷载通过挑梁传给纵、横墙，由压在挑梁上的墙体和楼板来抵抗阳台的倾覆力矩。

（3）压梁式

压梁式阳台是指阳台板与墙梁浇筑在一起，阳台悬挑长度一般为1.2m以内。

3）阳台的构造

（1）阳台的栏杆

栏杆是阳台外围设置的竖向维护构件，其作用有两个方面：一方面承担人们推倚的侧推力以保证人的安全；另一方面对建筑物起装饰作用。因而栏杆的构造要求是坚固、安全、美观。为倚扶舒适和安全，栏杆的高度应大于人体重心高度，一般不宜小于1.05m，高层建筑的栏杆应加高，但不宜超过1.20m。

按材料不同，栏杆分为金属栏杆、砖砌栏杆、钢筋混凝土栏杆等。

（2）阳台的排水

为防止雨水进入室内，要求阳台地面低于室内地面30mm以上。阳台排水有外排水和内排水两种，但以有组织排水为宜。外排水是在阳台外侧设置排水管将水排出。内排水适用于高层和高标准建筑，即在阳台内侧设置排水立管和地漏，将雨水直接排入地下管网，以保证建筑物立面美观。

2. 雨篷

雨篷是建筑物入口处和顶层阳台上部用于遮挡雨水，保护外门免受雨水侵蚀而设的水平构件。雨篷多为钢筋混凝土悬挑构件，大型雨篷下常加立柱形成门廊。

雨篷的受力作用与阳台相似，均为悬臂构件，但雨篷仅承担雪荷载、自重及检修荷载。承担的荷载比阳台小，故雨篷的截面高度较小。一般把雨篷板与入口过梁浇筑在一起，形成由过梁挑出的板，出挑长度一般以 1～1.5m 较为经济。挑出长度较大时，一般做成挑梁式，为使底板平整，可将挑梁底板上翻，梁端留出泄水孔。

雨篷在构造上需解决好两个问题：一是防倾覆，保证雨篷梁上有足够的压重；二是板面上要做好排水和防水。通常沿板四周用砖砌或现浇混凝土做凸檐挡水，板面用防水砂浆抹面，并向排水口做 1%的坡度。防水砂浆应顺墙上卷至少 300mm。

任务 4.5 楼梯构造

楼梯是房屋中主要的垂直交通工具，是上下层间的交通疏散设施，供人们上下楼层使用，一般设置在建筑物的出入口附近。在高层民用建筑中和一些大型公共建筑中，除设有楼梯外，还需设电梯。

4.5.1 楼梯概述

1. 楼梯的分类

按楼梯位置不同，可分为室内楼梯与室外楼梯；按使用性质不同，可分为主要楼梯、辅助楼梯、疏散楼梯、消防楼梯；按楼梯的材料不同，可分为木质楼梯、钢筋混凝土楼梯、钢楼梯等；按楼梯的施工方式不同，可分为现浇钢筋混凝土楼梯和预制装配式钢筋混凝土楼梯，现浇钢筋混凝土楼梯按梯段传力特点又分为板式楼梯和梁板式楼梯；按楼梯的平面形式不同，主要可分为单跑式、双跑式、三跑式、双分式、双合式、转角式、剪刀式、弧形和螺旋式等多种形式的楼梯，如图 4.5.1 所示。

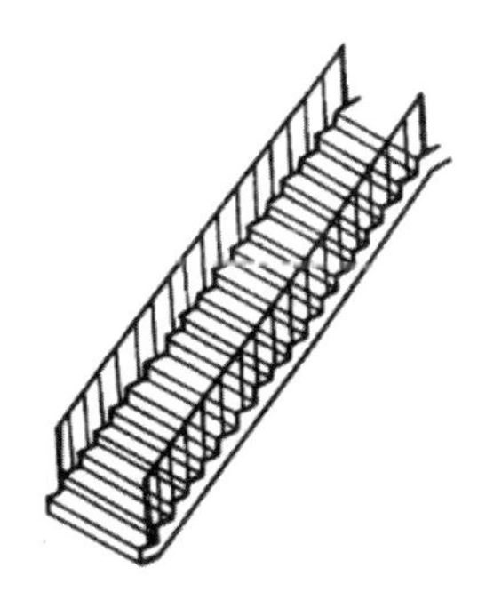

（a）直跑楼梯（单跑）

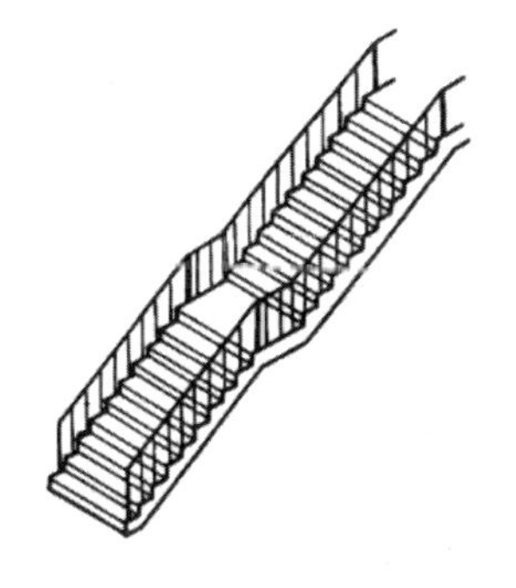

（b）直跑楼梯（双跑）

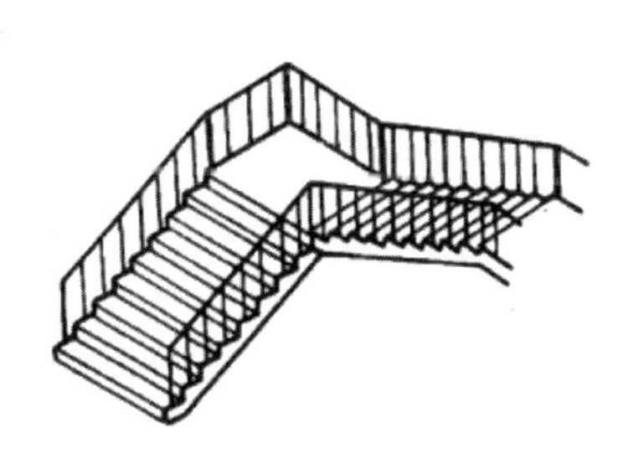

（c）转角楼梯

图 4.5.1 楼梯的平面布置形式

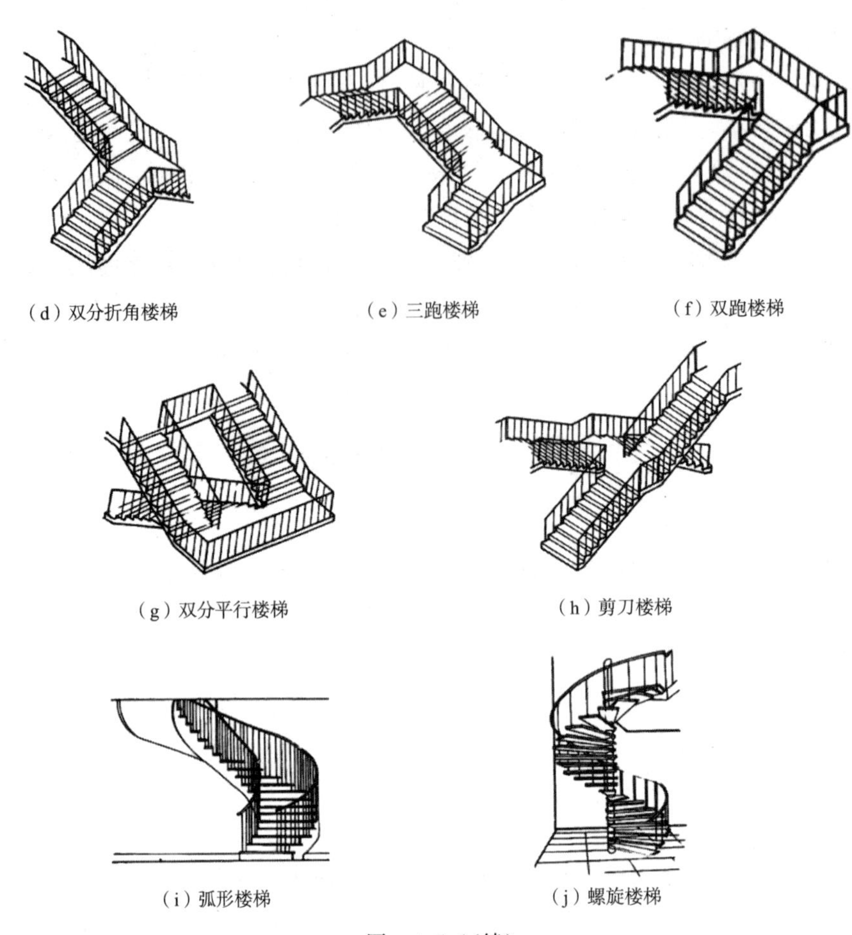

图 4.5.1(续)

2. 楼梯的组成与尺度

楼梯一般由梯段、平台、栏杆和扶手 3 个部分组成，如图 4.5.2 所示。

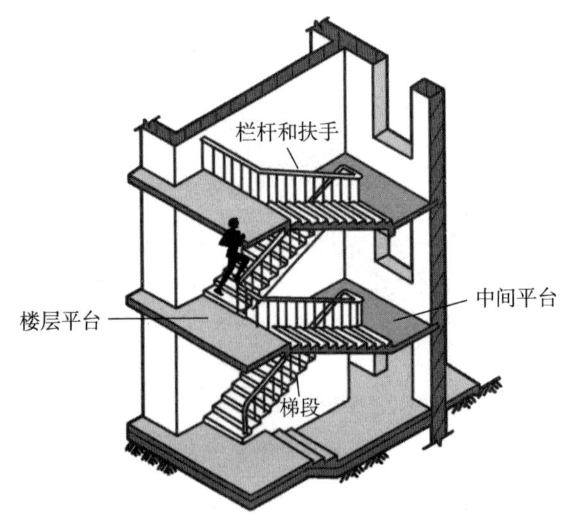

图 4.5.2 楼梯的基本组成

1）梯段

梯段又称“梯跑”，由若干个踏步组成的联系两个不同标高平台的倾斜构件，是楼梯的主要部分。为了减轻人们上下楼梯时的疲劳，梯段的踏步数一般最多不超过18级，但也不宜少于3级，以免步数太少时不易被人们察觉，有可能造成伤害。楼梯段的宽度应根据人流量的大小和安全疏散的要求来决定。一般考虑单人通行时不小于850mm，双人通行时为1000～1100mm，三人通行时为1500～1650mm。

2）平台

平台是联系倾斜梯段的水平构件，其作用是供人们行走时缓冲疲劳和转换楼梯方向。按平台所处的位置和标高不同，有中间平台和楼层平台之分。与楼层标高相一致的平台称为楼层平台，介于两个楼层之间的平台称为中间平台，又称为休息平台。平台板的宽度，应使净通行宽度不小于梯段的宽度，此外还应考虑搬运家具的方便。

3）栏杆和扶手

栏杆设在梯段和平台边缘，保证楼梯使用安全，利于行人扶靠和防止跌落。要求坚固可靠，并保证有足够的安全高度。栏杆有实心栏杆和镂空栏杆之分，实心栏杆又称为栏板。栏杆顶部供人们倚扶之用的配件称为扶手。扶手的高度一般应高于踏步900mm左右。若梯段的宽度大于1400mm，靠墙一侧宜增设“靠墙扶手”。

楼梯的净空应有一定的高度，以避免碰头。梯段的净高以踏步前缘处梯段的净高以踏步前缘处到顶棚垂直线的净高度计算，一般不小于2200mm；平台过道处的净高是平台结构下缘至人行通道的垂直高度，应不小于2000mm。梯段的起始、起止踏步的前缘与顶部凸出物的外缘线的水平距离，应不小于300mm，如图4.5.3所示。

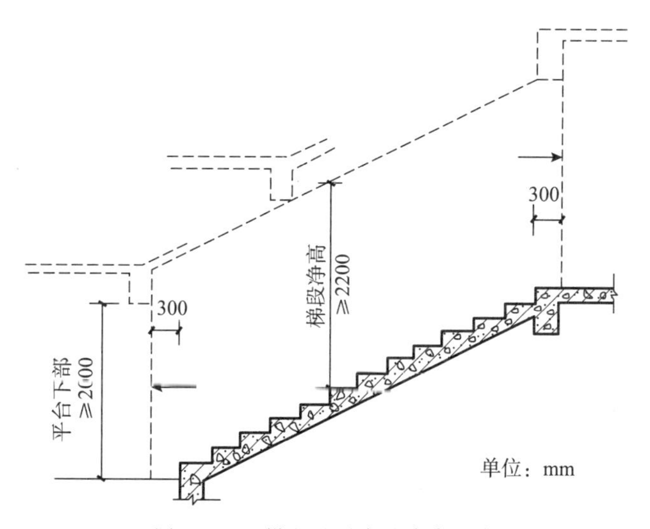

图4.5.3 梯段及平台处净高要求

踏步尺度是指踏步的宽度和踏步的高度，踏步的高宽比根据人流行走的舒适、安全、楼梯间的尺度和面积等因素决定。根据建筑楼梯模数协调标准，楼梯踏步的高度不宜大于210mm，且不宜小于140mm，各级踏步高度均应相同。踏步的宽度和高度可按经验求得，即 $b+2h=600\sim620$mm 或者 $b+h=450$mm，式中，b 为踏步的宽度；h 为踏步的高度。

4.5.2 钢筋混凝土楼梯构造

钢筋混凝土楼梯具有坚固耐久、防火性能好、刚度大和可塑性强等优点，是民用建筑中应用最广泛的一种楼梯。其按施工方法不同，可分为现浇整体式钢筋混凝土楼梯和预制装配式钢筋混凝土楼梯。

1. 现浇整体式钢筋混凝土楼梯

现浇整体式钢筋混凝土楼梯是把梯段和平台整体浇筑在一起的楼梯，虽然其消耗模板量大、施工工序多、周期较长，但其整体性好、刚度大、有利于抗震，并能充分发挥钢筋混凝土的可塑性，所以在工程中应用十分广泛。

现浇整体式钢筋混凝土楼梯按结构形式的不同，分为板式楼梯和梁板式楼梯。

1）板式楼梯

板式楼梯是把楼梯段看作一块斜放的板，楼梯板分为有平台梁和无平台梁两种情况。有平台梁的板式楼梯的梯段两端放置在平台梁上，平台梁之间的距离为梯段的跨度，其传力过程为梯段→平台梁→楼梯间墙（或柱），如图 4.5.4(a)所示。无平台梁的板式楼梯是将梯段和平台板组合成一块折板，这时，板的跨度为梯段的水平投影长度与平台宽度之和，如图 4.5.4(b)所示。近年来，各地较多采用悬挑楼梯，其特点是梯段和平台均无支承，完全靠上、下梯段与平台组成的空间板式结构与上、下层楼结构共向来受力，因而造型新颖，空间感好，多用作公共建筑和庭院建筑的外部楼梯。

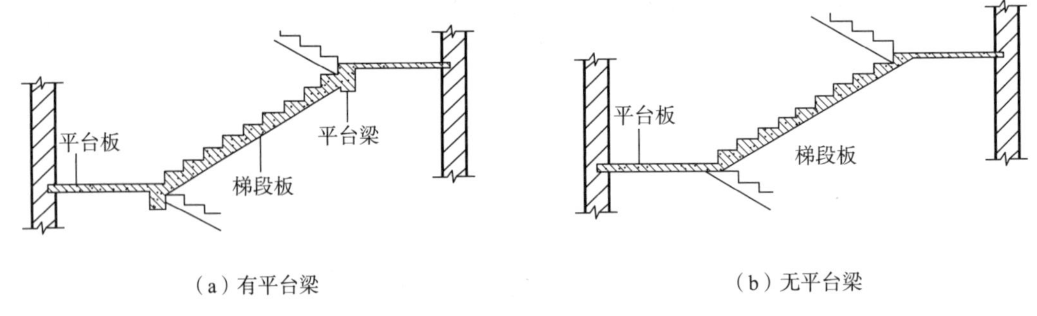

（a）有平台梁　　（b）无平台梁

图 4.5.4　现浇钢筋混凝土板式楼梯

板式楼梯构造简单、施工方便，但当梯段跨度较大时，板的厚度较大，材料消耗多，不经济。因此，板式楼梯适用于梯段跨度不大（不超过 3m）、荷载较小的建筑。

2）梁板式楼梯

梁板式楼梯是设置斜梁来支承踏步板，斜梁搁置在平台梁上的楼梯。楼梯荷载的传力过程为踏步板→斜梁→平台梁→楼梯间墙（或柱）。斜梁一般设两根，位于踏步板两侧的下部，踏步外露，如图 4.5.5(a)所示。斜梁也可以位于踏步板两侧的上部，这时，踏步被斜梁包在里面，如图 4.5.5(b)所示。梁板式楼梯可使板跨缩小、板厚减薄、受力合理且经济，适用于荷载较大、层高较高的建筑，如教学楼、商场等。

2. 预制装配式钢筋混凝土楼梯

预制装配式钢筋混凝土楼梯中楼梯的各部分构件是在预制厂预制，运入现场组装，与

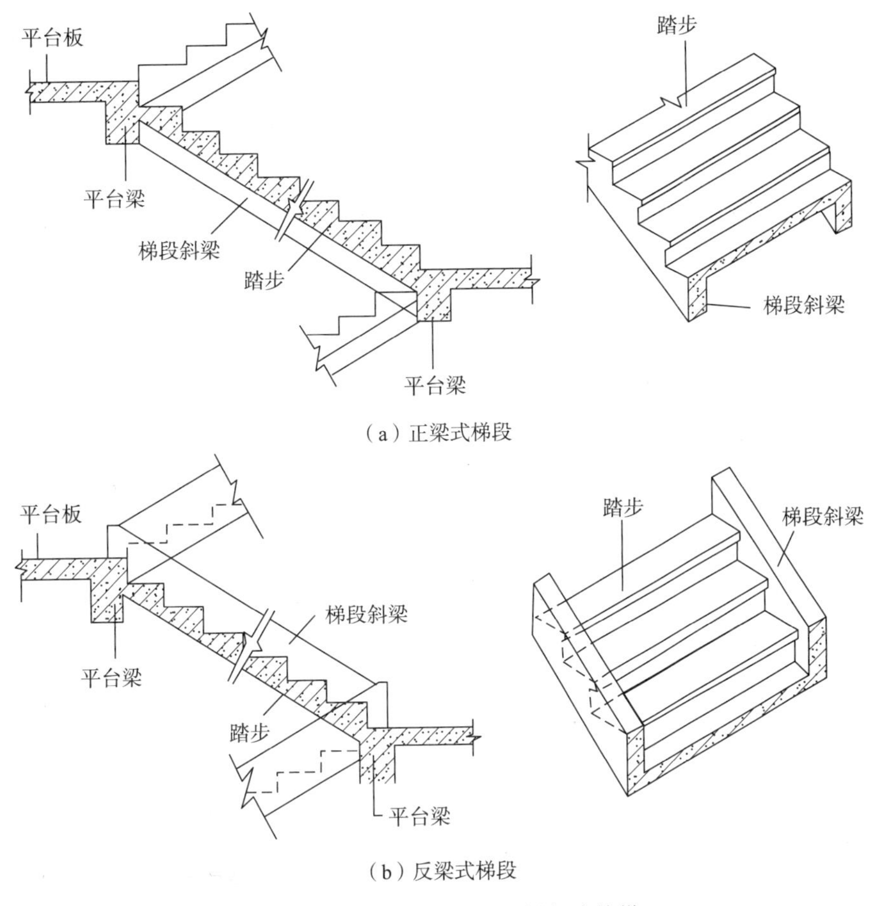

图 4.5.5　现浇钢筋混凝土梁板式楼梯

现浇钢筋混凝土楼梯相比,预制钢筋混凝土楼梯施工进度快、受气候影响较小、构件生产工厂化、质量较易保证,但是施工时需要配套的起重设备,投资多。因为建筑的层高、楼梯间的开间、进深及建筑的功能等都影响着楼梯的尺寸,而且楼梯的平面形式也是多种多样,因此,目前除了成片建设的大量性建筑(如住宅小区)外,建筑中较多采用的是现浇钢筋混凝土楼梯。

预制装配式楼梯根据生产、运输、吊装和建筑体系的不同,有不同的构造形式。根据组成楼梯的构件尺寸及装配的程度,一般可分为小型构件装配式和大、中型构件装配式两大类。

1) 小型构件装配式钢筋混凝土楼梯

小型构件装配式钢筋混凝土楼梯的主要特点是构件小而轻,易制作,但施工繁而慢,湿作业多,耗费人力,适用于施工条件较差的地区。

小型构件装配式钢筋混凝土楼梯的预制构件,主要有钢筋混凝土预制踏步、平台板、支撑结构。

预制踏步的支撑方式有墙承式、悬臂踏步式、梁承式 3 种。

(1) 墙承式。预制装配墙承式钢筋混凝土楼梯是指预制钢筋混凝土踏步板直接搁置在墙上的一种楼梯形式,其踏步板一般采用一字形、L 形断面。这种楼梯由于在梯段之间墙，搬运家具不方便，也阻挡视线，上下人流易相撞，通常在中间墙上开设观察口，使上下人流视线流通。也可将中间墙两端靠平台部分局部收进，以使空间通透，有利于改善视线和搬运家具物品。但这种方式不利于抗震，施工也较麻烦。

(2) 悬臂踏步式。预制装配悬臂踏步式钢筋混凝土楼梯是指预制钢筋混凝土踏步板一端嵌固于楼梯间侧墙上，另一端凌空悬挑的楼梯形式。

(3) 梁承式预制装配梁承式钢筋混凝土楼梯是指将预制踏步搁置在斜梁上形成梯段，梯段斜梁搁置在平台梁上，平台梁搁置在两边墙或梁上；楼梯休息平台可用空心板或槽形板搁在两边墙上或用小型的平台板搁在平台梁和纵墙上的一种楼梯形式。

2) 大、中型构件装配式钢筋混凝土楼梯

构件从小型改为大、中型可以减少预制构件的品种和数量，利于吊装工具进行安装，从而简化施工，加快速度，减轻劳动强度。

大型构件装配式钢筋混凝土楼梯是将楼梯梁平台预制成一个构件，断面可做成板式或空心板式、双梁槽板式或单梁式。这种楼梯主要用于工业化程度高及专用体系的大型装配式建筑中，或用于建筑平面设计和结构布置有特别需要的场所。

中型构件装配式钢筋混凝土楼梯一般以楼梯段和平台各作一个构件装配而成。

4.5.3 楼梯的细部构造

1. 踏步

建筑物中，楼梯的踏面最容易受到磨损，从而影响行走和美观，因此，踏面应光洁、耐磨、防滑、便于清洗，同时要有一定的装饰性。楼梯踏面的材料一般视装修要求而定，常与门厅或走道的地面材料一致，常用的有水泥砂浆、水磨石等，也可采用铺缸砖、贴油地毡或铺大理石板。前两种多用于一般工业与民用建筑中，后几种多用于有特殊要求或较高级的公共建筑中。

为了防止行人在行走时滑倒，踏步表面应采取防滑和耐磨措施，通常是在距踏步面层前缘 40～50mm 的位置设置防滑条。防滑条的材料可用铁屑水泥、金刚砂、塑料条、橡胶条、金属条、马赛克等。最简单的做法是做踏步面层时，在靠近踏步面层前缘 40mm 处留两三道凹槽，也可以采用耐磨防滑材料，如缸砖、铸铁等做防滑包口，既能防滑又能起到保护作用，如图 4.5.6 所示。标准比较高的建筑，也可以铺地毯、防滑塑料或用橡胶贴面。防滑条或防滑凹槽长度一般按踏步长度每边减去 150mm。

2. 栏杆、栏板和扶手

楼梯的栏杆、栏板和扶手是梯段上所设置的安全设施，根据梯段的宽度设于一侧或两侧或梯段中间，应满足安全、坚固、美观、舒适、构造简单、施工维修方便等要求。

(1) 空心栏杆多采用方钢、圆钢、钢管或扁钢等材料，可焊接或铆接成各种图案，既起防护作用，又起装饰作用。

(2) 实心栏板的材料有混凝土、砌体，钢丝网水泥、有机玻璃、装饰板等。

(3) 近年还流行一种将空花栏杆与实体栏板组合而成的组合式栏托，空花部分多用金属材料如钢材或不锈钢等材料制成，作为主要的抗侧力构件。栏板部分常采用轻质美观材

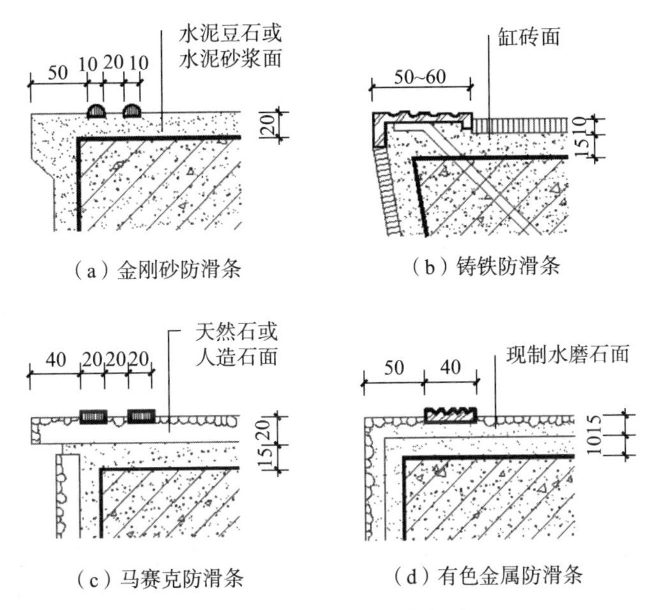

(a) 金刚砂防滑条　(b) 铸铁防滑条

(c) 马赛克防滑条　(d) 有色金属防滑条

图 4.5.6　踏步面层及防滑处理

料,如木板、塑料贴面板、铝板、有机玻璃、钢化玻璃等。两者共同组成组合式栏杆。

楼梯扶手按材料分有木扶手、金属扶手、塑料扶手等,按构造分有镂空栏杆扶手、栏板扶手和靠墙扶手等。木扶手、塑料扶手采用木螺丝通过扁铁与镂空栏杆连接;金属扶手则通过焊接或螺钉连接;靠墙扶手则采用预埋铁脚的扁钢通过木螺丝来固定。栏板上的扶手多采用抹水泥砂浆或水磨石粉面的处理方式。

3. 坡道

坡道是连接不同标高的楼面、地面,供人行或车行的斜坡式交通道。坡道按其用途不同分为行车坡道和轮椅坡道两类。

坡道要考虑防滑,当坡度较大时,坡道面每隔一段距离做防滑条或做成锯齿形,以达到防滑的效果。

为方便残疾人通行的坡道类型,根据场地条件的不同可分为"一"字形、L 形、U 形、"一"字多段式坡道等。每段坡道的坡度、坡段高度和水平长度以方便通行为准则。为保证安全及残疾人上、下坡道的方便,应在坡道两侧增设扶手,起步应设 300mm 长水平扶手。为避免轮椅撞击墙面及栏杆,应在扶手下设置护堤,坡道面层应做防滑处理。

任务 4.6　门与窗构造

4.6.1　门、窗的分类

1. 门的分类

按门在建筑物中所处的位置分为内门和外门;按门的使用功能分为一般门和特殊门;

按门的框料材质分为木门、铝合金门、塑钢门、彩板门、玻璃钢门、钢门等；按门扇的开启方式分为平开门、弹簧门、推拉门、折叠门、转门、卷帘门等，如图 4.6.1 所示。

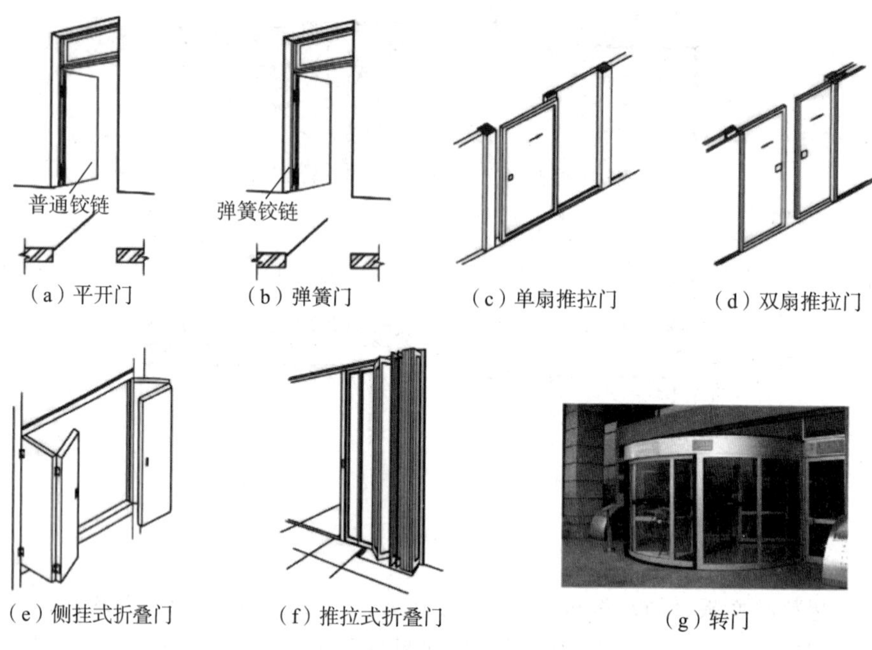

(a) 平开门　(b) 弹簧门　(c) 单扇推拉门　(d) 双扇推拉门

(e) 侧挂式折叠门　(f) 推拉式折叠门　(g) 转门

图 4.6.1　门的开启方式示意图

1）平开门

平开门是指门扇与门框用铰链连接，门扇水平开启的门，有单扇、双扇及向内开、向外开之分。平开门构造简单，开启灵活，安装维修方便。

2）弹簧门

弹簧门是指门扇与门框用弹簧铰链连接，门扇水平开启的门，分为单向弹簧门和双向弹簧门，其最大优点是门扇能够自动关闭。

3）推拉门

推拉门是指门扇沿着轨道左右滑行来启闭的门，有单扇和双扇之分，开启后，门扇可以隐藏在墙体的夹层中或贴在墙面上。推拉门开启时不占空间，受力合理，不易变形，但其构造较复杂。

4）折叠门

折叠门是指门扇由一组宽度约为 600mm 的窄门扇组成的门，窄门扇之间采用铰链连接。开启时，窄门扇相互折叠推移到侧边，占空间小，但其构造复杂。

5）转门

转门是指门扇由 3 扇或 4 扇通过中间的竖轴组合起来，在两侧的弧形门套内水平旋转来实现启闭的门。转门有利于室内阻隔视线、保温、隔热和防风沙，并且对建筑物立面有较强的装饰性。

6）卷帘门

卷帘门是指门扇由金属页片相互连接而成，在门洞的上方设转轴，通过转轴的转动来控制页片启闭的门。其特点是开启时不占使用空间，但其加工制作复杂，造价较高。

2. 窗的分类

按窗的材质分为铝合金窗、塑钢窗、彩板窗、木窗、钢窗等；按窗的层数分为单层窗和双层窗；按窗扇的开启方式分为固定窗、平开窗、悬窗、立转窗、推拉窗等，如图 4.6.2 所示。

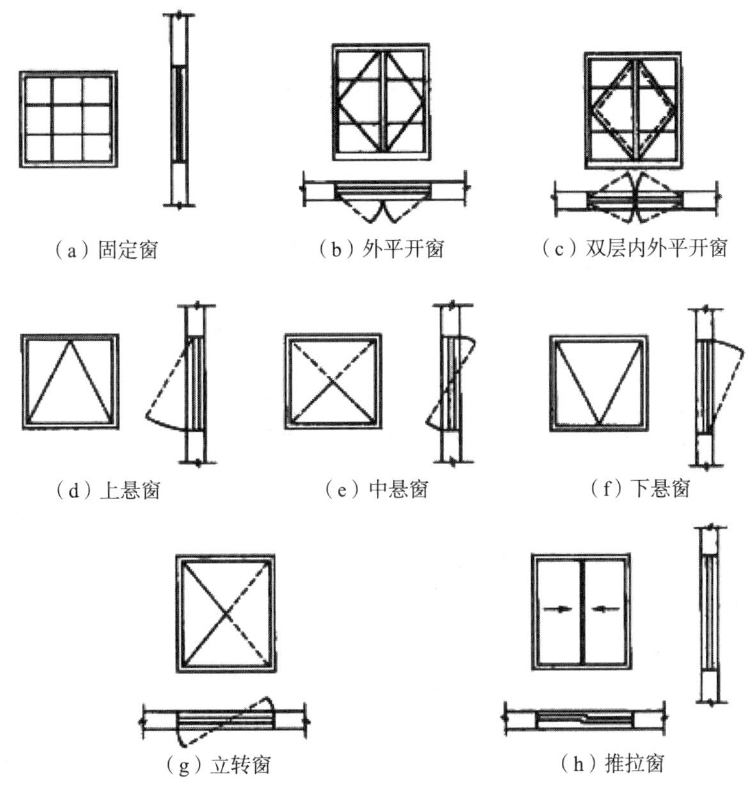

图 4.6.2　窗的开启方式示意图

1) 固定窗

固定窗是指将玻璃直接镶嵌在窗框上，不设可活动的窗扇。一般用于只要求有采光、眺望功能的窗，如走道的采光窗和一般窗的固定部分。

2) 平开窗

平开窗是指窗扇一侧用铰链与窗框相连接，窗扇可以向外或向内水平开启。平开窗构造简单，开关灵活，制作与维修方便，在一般建筑物中采用较多。

3) 悬窗

悬窗是指窗扇绕水平轴转动的窗。按照旋转轴的位置可以分为上悬窗、中悬窗和下悬窗，上悬窗和中悬窗的防雨、通风效果好，常用作门上的亮子和不方便手动开启的高侧窗。

4) 立转窗

立转窗是指窗扇绕垂直中轴转动的窗。这种窗通风效果好，但不严密，不宜用于寒冷地区和多风沙的地区。

5) 推拉窗

推拉窗是指窗扇沿着导轨或滑槽推拉开启的窗，有水平推拉窗和垂直推拉窗两种。推拉窗开启后不占室内空间，窗扇的受力状态好，适宜安装大玻璃，但通风面积受限制。

4.6.2 门、窗的作用

1. 门的作用

1）水平交通与疏散

建筑物给人们提供了各种使用功能的空间，这些空间之间既相对独立又相互联系，门能在室内各空间之间以及室内与室外之间起到水平交通联系的作用。同时，当有紧急情况和火灾发生时，门还起交通疏散的作用。

2）围护与分隔

门是空间的围护构件之一，依据其所处环境起保温、隔热、隔声、防雨、密闭等作用，门还以多种形式按需要将空间分隔开。

3）采光与通风

当门的材料以透光性材料（如玻璃）为主时能起到采光的作用，如阳台门等；当门采用通透的形式（如百叶门等）时，可以通风，常用于换气量要求大的空间。

4）装饰

门是人们进入一个空间的必经之路，会给人留下深刻的印象。门的样式多种多样，和其他的装饰构件相配合，能起到重要的装饰作用。

2. 窗的作用

1）采光

窗是建筑物中主要的采光构件。开窗面积的大小以及窗的样式，决定着建筑空间内是否具有满足使用功能的自然采光量。

2）通风

窗是空气进出建筑物的主要洞口之一，对空间中的自然通风起着重要作用。

3）装饰

窗在墙面上占有较大面积，无论是在室内还是室外，窗都具有重要的装饰作用。

4.6.3 门的设置与构造

1. 门洞口大小的确定

门洞口大小应根据建筑中人员和设备等的日常通行要求、安全疏散要求以及建筑造型艺术和立面设计要求等决定。为避免门扇面积过大导致门扇及五金连接件等变形而影响使用，平开门、弹簧门等的单扇门宽度不宜超过 1000mm，一般供日常活动进出的门，其单扇门宽度为 800～1000mm，双扇门宽度为 1200～2000mm，腰窗高度常为 400～900mm，可根据门洞高度进行调节。在部分公共建筑和工业建筑中，按使用要求，门洞高度可适当增加。

2. 门的设置

（1）门应开启方便、坚固耐用。

（2）手动开启的大门扇应有制动装置，推拉门应有防脱轨的措施。

（3）双面弹簧门应在可视高度部分装透明安全玻璃。

(4) 推拉门、旋转门、电动门、卷帘门、吊门、折叠门不应作为疏散门。

(5) 开向疏散走道及楼梯间的门扇开足后，不应影响走道及楼梯平台的疏散宽度。

(6) 全玻璃门应选用安全玻璃或采取防护措施，并应设防撞提示标志。

(7) 门的开启不应跨越变形缝。

(8) 当设有门斗时，门扇同时开启时两道门的间距不应小于 0.8m；当有无障碍要求时，应符合现行国家标准《建筑与市政工程无障碍通用规范》(GB 55019—2021)的规定。

3. 门的构造

1) 平开木门

平开木门是建筑中最常用的一种门。它主要由门框、门扇、亮子、五金零件及附件等组成，有些木门还设有贴脸板等附件。

(1) 门框

门框又称为门樘子，主要由上框、边框、中横框(有亮子时加设)、中竖框(3 扇以上时加设)、门槛(一般不设)等榫接而成。

门框安装方式有两种：一是立口，即先立门框后砌筑墙体，门上框两侧伸出长度 120mm(俗称羊角)压砌入墙内；二是塞口，为使门框与墙体有可靠的连接，砌墙时沿门洞两侧每隔 500～700mm 砌入一块防腐木砖，再用长钉将门框固定在墙内的防腐木砖上。防腐木砖每边为 2 块或 3 块，最下一块木砖应放在地坪以上 200mm 左右处。门框相对于外墙的位置可分为内平、居中和外平 3 种情况。

(2) 门扇

门扇嵌入门框中，门的名称一般以门扇所选的材料和构造来命名，民用建筑中常见的有夹板门、拼板门、百叶门、镶板门等形式。

(3) 亮子

亮子是指门扇或窗扇上方的窗，主要起增加光线和通风的作用。

(4) 五金零件及附件

平开木门上常用的五金有铰链(合页)拉手、插销、门锁、金属角、门碰头等。五金零件与木门间采用木螺钉固定。门附件主要有木质贴脸板、筒子板等。

2) 铝合金门

铝合金门由门框、门扇及五金零件组成。门框、门扇均用铝合金型材制作，为改善铝合金门冷桥散热，可在其内部夹泡沫塑料新型型材。由于生产厂家不同，门框型材种类繁多。铝合金门常采用推拉门、平开门和地弹簧门。

4.6.4 窗的设置与构造

1. 窗洞口大小的确定

窗的尺度应综合考虑以下几方面因素。

(1) 采光。从采光要求来看，窗的面积与房间面积有一定的比例关系。

(2) 使用。窗的自身尺寸以及窗台高度取决于人的行为和尺度。

(3) 窗洞口尺寸系列。为了使窗的设计与建筑设计、工业化和商业化生产以及施工安装相协调，国家颁布了《建筑门窗洞口尺寸系列》(GB/T 5824—2021)。窗洞口的高度和宽度(指标志尺寸)规定为3M的倍数，但是在1000mm以内的小洞口可采用基本模数1M的倍数。考虑到某些建筑，如住宅建筑的层高不大，以3M进位作为窗洞高度，尺寸变化过大，所以增加2200mm、2300mm作为窗洞高的辅助参数。

(4) 结构。窗的高、宽尺寸受到层高及承重体系以及窗过梁高度的制约。

(5) 美观。窗是建筑物造型的重要组成部分，窗的尺寸和比例关系对建筑立面影响极大。

2. 窗的设置

(1) 窗扇的开启形式应方便使用、安全和易于维修、清洗。

(2) 公共走道的窗扇开启时不得影响人员通行，其底面距走道地面高度不应低于2.0m。

(3) 公共建筑临空外窗的窗台距楼地面净高不得低于0.8m；否则应设置防护设施，防护设施的高度由地面起算不应低于0.8m。

(4) 居住建筑临空外窗的窗台距楼地面净高不得低于0.9m；否则应设置防护设施，防护设施的高度由地面起算不应低于0.9m。

(5) 当防火墙上必须开设窗洞口时，应按现行国家标准《建筑设计防火规范》(GB 50016—2014)(2018年版)执行。

(6) 当凸窗窗台高度不高于0.45m时，其防护高度从窗台面起算不应低于0.9m；当凸窗窗台高度高于0.45m时，其防护高度从窗台面起算不应低于0.6m。

3. 窗的构造

窗由窗樘(又称窗框)和窗扇两部分组成。窗框与墙的连接处，为满足不同的要求，有时加贴脸板、窗台板、窗帘盒等，窗的组成和名称如图4.6.3所示。

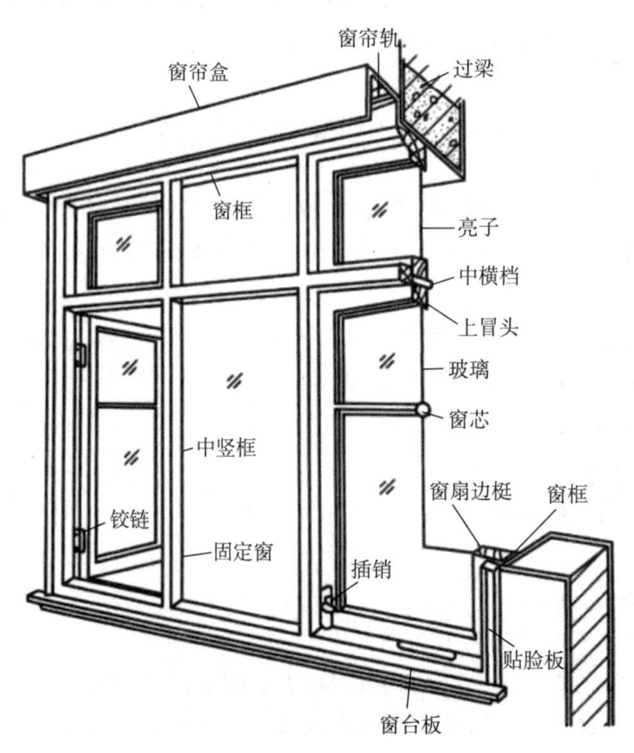

图4.6.3 窗的组成和名称

1）推拉式铝合金窗

铝合金窗的开启方式有很多种，目前较多采用水平推拉式。

（1）推拉式铝合金窗组成及其构造。铝合金窗主要由窗框、窗扇和五金零件组成。推拉式铝合金窗的型材有55系列、60系列、70系列、90系列等，其中70系列是目前广泛采用的窗用型材，采用90°开榫对合，螺钉连接成型。玻璃安装时采用橡胶压条或硅酮密封胶密封。窗框与窗扇的中挺和边挺相接处，设置塑料垫块或密封毛条，以使窗扇受力均匀、开关灵活。

（2）推拉式铝合金窗框的安装。应采用塞口法，即在砌墙时，先留出比窗框四周大的洞，墙体砌筑完成后将窗框塞入，固定时，为防止墙体中的碱性对窗框的腐蚀，不能将窗框直接埋入墙体，一般可采用预埋件焊接、膨胀螺栓锚接或射钉等方式固定。但当墙体为砌体结构时，严禁用射钉固定。

2）塑钢窗

塑钢窗的组成与构造介绍如下。

（1）塑钢窗的组成与构造。塑钢窗的组装多用组角与榫接工艺。考虑到PVC塑料与钢衬的收缩率不同，钢衬的长度应比塑料型材长度短1～2mm，且能使钢衬较宽松地插入塑料型材空腔中，以适应温度变形。组角和榫接时，在钢衬型材的空腔插入金属连接件，用自攻螺钉直接锁紧形成闭合钢衬结构，使整窗的强度和整体刚度大大提高。

（2）塑钢窗的安装。塑钢窗应采用塞口安装。窗框与墙体固定时，应先固定上框，然后再固定边框。窗框每边的固定点不能少于3个，且间距不能大于600mm。当墙体为混凝土材料时，大多采用射钉、塑料膨胀螺栓或预埋铁件焊接固定；当墙体为砖墙材料时，大多采用塑料膨胀螺栓或水泥钉固定，但注意不得固定在砖缝处，当墙体为加气混凝土材料时，大多采用木螺钉将固定片固定在已预埋的胶结木块上。

窗框与洞口的缝隙内应采用闭孔泡沫塑料、发泡聚苯乙烯或毛毡等弹性材料分层填塞，填塞不宜过紧，以适应塑钢窗的自由胀缩。对于保温、隔声要求较高的工程，应采用相应的隔热、隔声材料填塞。墙体面层与窗框之间的接缝用密封胶进行密封处理。

任务4.7 屋顶构造

4.7.1 屋顶概述

1. 屋顶的作用

屋顶位于建筑物的最顶部，主要有3个方面的作用。

（1）承重作用，承受作用于屋顶上的风、雨、雪、检修、设备荷载和屋顶的自重等。

（2）围护作用，防御自然界的风、雨、雪、太阳辐射和冬季低温等的影响。

（3）装饰建筑立面，屋顶的形式对建筑立面和整体造型有很大的影响。

屋顶应满足坚固耐久、防水排水、保温隔热、抵御侵蚀等使用要求，同时还应做到自重轻、构造简单、施工方便、造价经济，并与建筑整体形象相协调。

2. 屋顶的设计要求

屋顶的设计要求应从功能、结构、建筑艺术3个方面考虑。

1）功能方面

屋顶是建筑物的外围护结构，应能抵御自然界各种恶劣环境因素的影响，确保顶层空间的环境质量。

首先，是应能抵抗雨、雪、风、霜的侵袭。其中雨水对屋顶的影响最大，故排水与防水是屋顶设计的核心。在房屋建筑工程中，屋顶漏水甚为普遍，其原因虽是多方面的，但设计不当是漏水的主要原因之一。

其次，是应能抵抗气温的影响。我国地域辽阔，南北气候相差悬殊，房屋应能做到冬暖夏凉，因此，采取保温或隔热措施也成为屋顶设计的一项重要内容。

2）结构方面

屋顶不仅是房屋的围护结构，也是房屋的承重结构，除承受自重外还需承受风荷载、雪荷载、施工荷载，上人的屋顶还要承受人和家具、设备的荷载。所以屋顶结构应有足够的强度和刚度，做到安全可靠，经久耐用。

3）建筑艺术方面

屋顶的形式对建筑的造型有重要影响。变化多样的屋顶外形，装修精美的屋顶细部是中国传统建筑的重要特征之一。在现代建筑中，如何处理好屋顶的形式和细部也是设计不可忽视的重要内容。

3. 屋顶的分类

按照屋顶的排水坡度和构造形式，屋顶分为平屋顶、坡屋顶、曲面屋顶等多种形式。

（1）平屋顶是指屋面坡度较缓，不超过 10% 的屋顶，常用的坡度为 2%～3%，如图 4.7.1 所示。

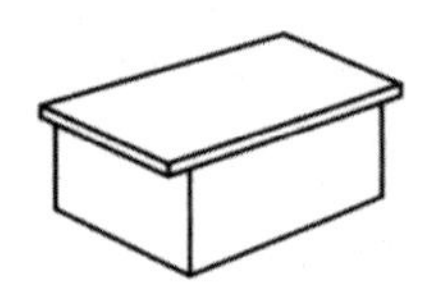

（a）挑檐平屋顶

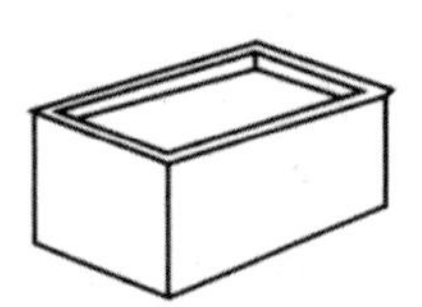

（b）女儿墙平屋顶

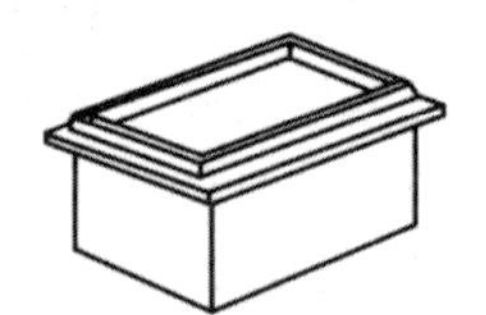

（c）挑檐女儿墙平屋顶

（d）盝顶平屋顶

图 4.7.1　平屋顶示意图

（2）坡屋顶是指屋面排水坡度在 10% 以上的屋顶，如图 4.7.2 所示。

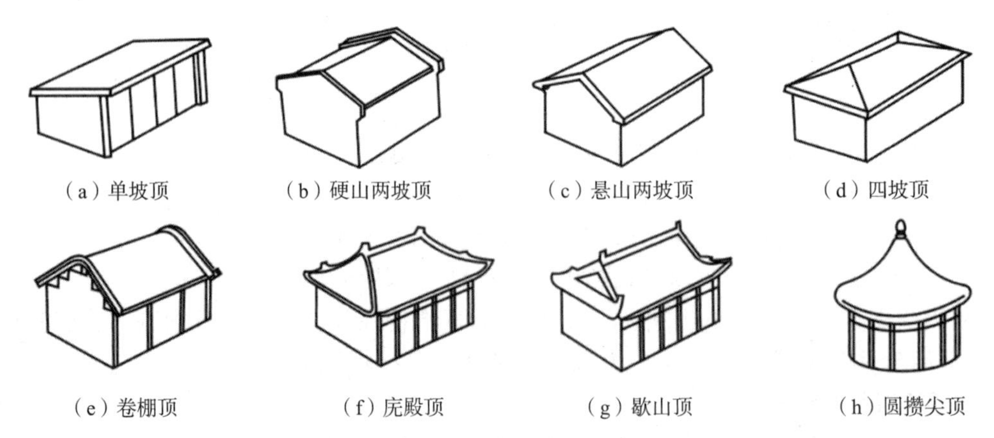

图 4.7.2　坡屋顶示意图

(3) 曲面屋顶多用于空间结构体系，常用于大跨度的公共建筑，如图 4.7.3 所示。

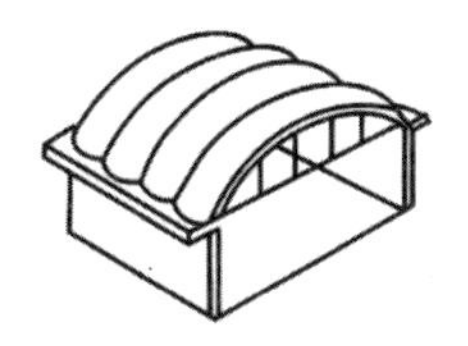
(a) 双曲拱屋顶

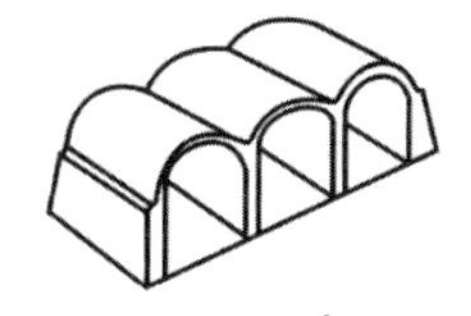
(b) 砖石拱屋顶

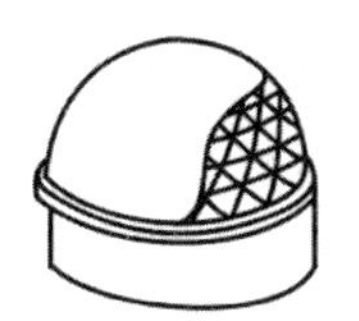
(c) 球形网壳屋顶

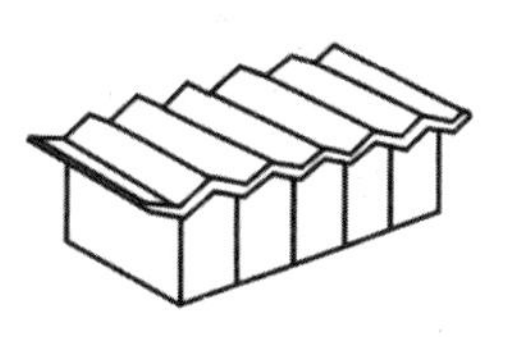
(d) V 形折板屋顶

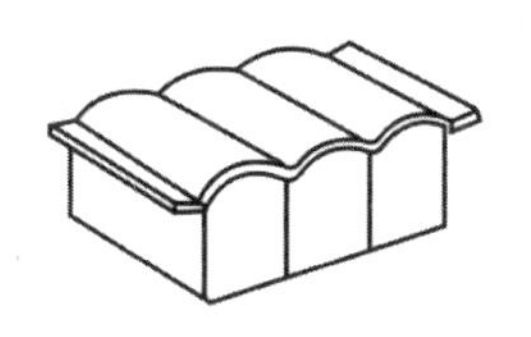
(e) 筒壳屋顶

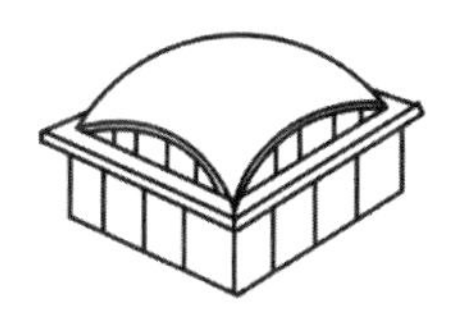
(f) 扁壳屋顶

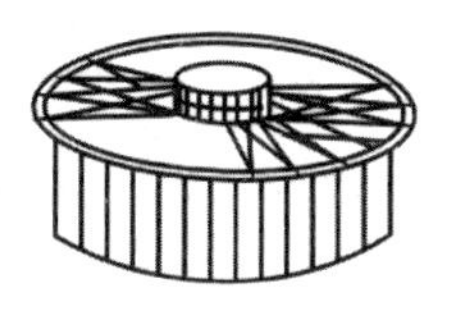
(g) 车轮形悬索屋顶

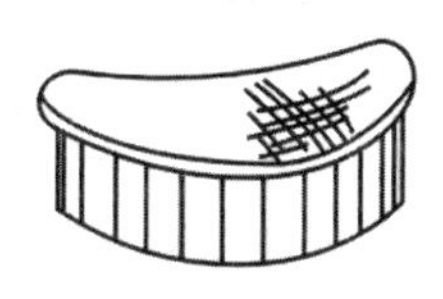
(h) 鞍形悬索屋顶

图 4.7.3 曲面屋顶示意图

4. 屋顶的组成

屋顶一般由屋面、承重结构、顶棚 3 个基本部分组成，当对屋顶有保温隔热要求时，需在屋顶设置保温隔热层。

1) 屋面

屋面是屋顶构造中最上面的表面层次，要承受施工荷载和使用时的维修荷载，以及自然界风吹、日晒、雨淋、大气腐蚀等的长期作用，因此，屋面材料应有一定的强度、良好的防水性和耐久性能。屋面也是屋顶防水排水的关键，所以又叫屋面防水层。在平屋顶中，人们一般根据屋面材料的名称对其进行命名，如卷材防水屋面、刚性防水屋面、涂料防水屋面等。

2) 承重结构

承重结构承受屋面传来的各种荷载和屋顶自重，平屋顶的承重结构一般采用钢筋混凝土屋面板，其构造与钢筋混凝土楼板类似；坡屋顶的承重结构一般采用屋架、横墙、木构架等；曲面屋顶的承重结构则属于空间结构。

3) 顶棚

顶棚位于屋顶的底部，用来满足室内对顶部的平整度和美观要求。按照顶棚的构造形式不同，分为直接式顶棚和悬吊式顶棚。

4) 保温隔热层

当对屋顶有保温隔热要求，需要在屋顶中设置相应的保温隔热层，防止外界温度变化对建筑物室内环境带来影响。

5. 屋顶排水

1) 屋顶坡度的形成

屋顶坡度与屋面防水材料和降雨量大小有关。平屋顶坡度的形成一般有材料找坡和结构找坡两种方式。

(1) 材料找坡

材料找坡也称为垫置坡度或填坡。此时屋顶结构层为水平搁置的楼板,坡度是利用轻质找坡材料在水平结构层上的厚度差异形成的。常用的找坡材料有炉渣、蛭石、膨胀珍珠岩等轻质材料或在这些轻质材料中加适量水泥形成的轻质混凝土。在需设保温层的地区,可利用保温材料的铺放形成坡度。材料找坡形成的坡度不宜过大,否则会增大找坡层的平均厚度,导致屋顶自重加大。

(2) 结构找坡

结构找坡也称为搁置坡度或撑坡。它是将屋面板搁置在有一定倾斜度的墙或梁上,直接形成屋面坡度。结构找坡不需要另做找坡材料层,屋面板以上各层构造层厚度不变,形成倾斜的顶棚。结构找坡省工省料、没有附加荷载、施工方便,适用于有吊顶的公共建筑和对室内空间要求不高的生产性建筑。

2) 排水方式

排水可分为无组织排水和有组织排水两类。无组织排水是将层面做成挑檐,伸出檐墙,使屋面雨水经挑檐自由下落;有组织排水是利用屋面排水坡度,将雨水排到檐沟,汇入雨水口,再经雨水管排到地面。

(1) 无组织排水

无组织排水又称自由落水,其屋面的雨水由檐口自由滴落到室外地面,如图 4.7.4 所示。无组织排水不必设置天沟、雨水管导流,构造简单、造价较低,但要求屋檐必须挑出外墙面,防止屋面雨水顺外墙面漫流影响墙体。无组织排水方式主要适用于雨量不大或一般非临街的低层建筑。

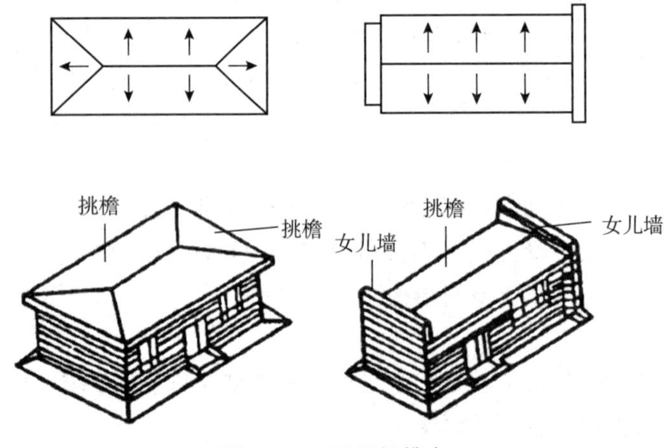

图 4.7.4 无组织排水

(2) 有组织排水

有组织排水是将屋面划分为若干排水区域,按一定的排水坡度把屋面雨水有组织地排到檐沟或雨水口,再经雨水管流到散水或明沟中,如图 4.7.5 所示。有组织排水较无组织排水有明显的优点,有组织排水适用于年降雨量较大地区或高度较大或较为重要的建筑。有组织排水分为外排水和内排水两种方式。

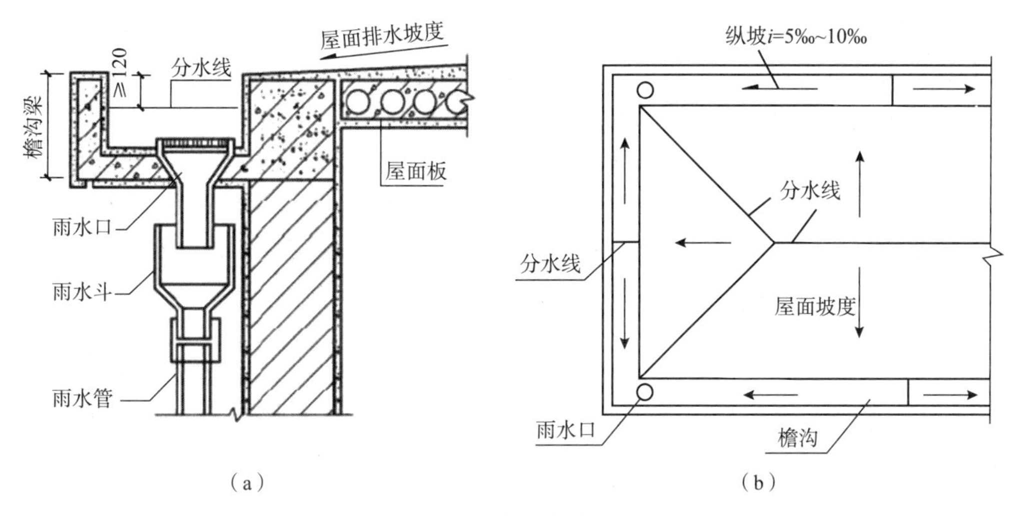

图 4.7.5 挑檐沟外排水

4.7.2 平屋顶构造

各种平屋顶的构造主要是屋面层(防水层)构造做法差异较大,其余构造层次做法差别不大。平屋顶按屋面防水层的不同有卷材防水、涂膜防水、刚性防水等几种做法。

1. 卷材防水屋面

卷材防水屋面是将防水卷材相互搭接用胶粘贴在屋面基层上形成防水能力的屋面。卷材防水屋面构造层次如图 4.7.6 所示。

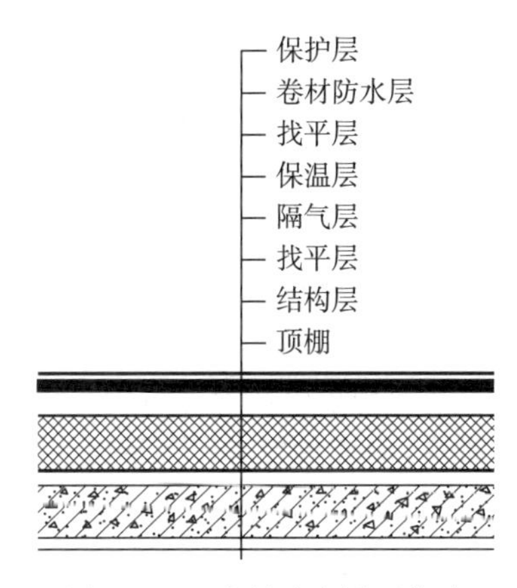

图 4.7.6 卷材防水屋面构造

1) 保护层

屋面保护层的做法要考虑卷材类型和屋面是否作为上人的活动空间。

(1) 不上人屋面。沥青类卷材防水层用沥青胶粘贴直径 3~6mm 的绿豆砂(豆石);高聚物改性沥青防水卷材或合成高分子卷材防水层,可用铝箔面层、彩砂及涂料等。

(2) 上人屋面。一般可在防水层上浇筑 30~50mm 厚混凝土层,也可用水泥砂浆或砂垫层铺地砖,还可以架设预制板。

2）卷材防水层

卷材防水层由防水卷材和相应的卷材黏结剂分层黏结而成，层数或厚度由防水等级确定。具有单独防水能力的一个防水层次称为一道防水设防。

卷材一般分层铺设，当屋面坡度小于3%时，卷材宜平行于屋脊铺贴，屋面坡度在3%～15%时，卷材可平行或垂直于屋脊铺贴，屋面坡度大于15%或屋面受震动时，沥青防水卷材应垂直于屋脊铺贴，高聚物改性沥青防水卷材和合成高分子防水卷材可平行或垂直于屋脊铺贴；上、下层卷材不得相互垂直铺贴。

3）找平层

沥青纸胎防水卷材虽然有一定的韧性，可以适应一定程度的胀缩和变形，但当变形较大时，卷材就将破坏，所以卷材应该铺设在表面平整的刚性垫层上。一般在结构层或保温层上做水泥砂浆或细石混凝土找平层。找平层宜留分隔缝，缝宽一般为5～20mm，纵、横间距一般不大于6m。

4）保温层

保温层的主要作用是减少屋面结构因外界温度变化而产生的热胀冷缩，从而延长屋面的使用寿命。保温层通常由保温材料构成，如聚苯乙烯、矿棉或玻璃纤维等，这些材料具有良好的隔热性能。此外，保温层还能有效地减少能源消耗，提高建筑的能效。因此，在卷材防水屋面的设计中，保温层是不可或缺的一部分。

5）隔气层

隔气层是隔绝室内湿气通过结构层进入保温层的构造层，常年湿度很大的房间，如温水游泳池、公共浴池、厨房操作间、开水房等的屋面应设置隔气层，隔气层应该设置在结构层之上、保温层之下。隔气层应选用气密性、水密性好的材料，应沿周边墙面向上连续铺设，高出保温层上表面不得小于150mm。

6）结构层

结构层多为钢筋混凝土屋面板，可以是现浇板或预制板，为整个防水系统的支撑结构。

7）卷材防水屋面的细部构造

卷材防水屋面防水层的转折和结束部位的构造处理必须特别注意。

(1) 泛水

屋面防水层与垂直墙面相交处的构造处理称为泛水。例如，女儿墙、出屋面的水箱室、出屋面的楼梯间等与屋面相交部位，均应做泛水，以避免渗漏。卷材防水屋面的泛水重点应做好防水层的转折、垂直墙面上的固定及收头。转折处应做成弧形或45°斜面防止卷材被折断。泛水处卷材应采用满粘法，泛水高度由设计确定，但最低不小于250mm，应根据墙体材料确定收头及密封形式。

(2) 檐口

卷材防水屋面的檐口，包括自由落水檐口和有组织排水檐口。

自由落水檐口：即无组织排水的檐口，防水层应做好收头处理，檐口范围内防水层应采用满粘法，收头应固定密封。

有组织排水檐口：即天沟，卷材防水屋面的天沟应解决好卷材收头及与屋面交接处的防水处理，天沟与屋面的交接处应做成弧形，并增铺200mm宽的附加层，且附加层宜空铺。

(3) 雨水口

雨水口是屋面雨水汇集并排至水落管的关键部位，要求排水通畅，防止渗漏和堵塞。雨水口的材料常用的有铸铁和UPVC(硬质聚氯乙烯)塑料，分为直式和横式两种。

雨水斗的位置应注意其标高，保证为排水最低点，雨水口周围直径500mm范围内坡度不应小于5%。

(4) 分格缝

分格缝也称分仓缝，是防止混凝土面层出现不规则裂缝而适应热胀冷缩及屋面变形所设置的人工缝。分格缝应贯穿屋面找平层，且应设在结构变形的敏感部位，如预制板的支承端、屋面转折处，防水层与突出屋面结构的交接处，并应与预制板板缝对齐。为了保证在分格缝变形时屋面不漏水和保护族缝材料，防止其老化，常在分格缝上用卷材覆盖。覆盖的卷材与防水层之间应再平铺一层卷材，以使覆盖的卷材有较大的伸缩余地。

2. 涂膜防水屋面

涂膜防水屋面是靠直接涂刷在基层上的防水涂料固化后形成有一定厚度的膜来达到防水的目的。防水涂料按其成膜厚度，可分成厚质涂料和薄质涂料。水性石棉沥青防水涂料、膨润土沥青乳液和石灰乳化沥青等沥青基防水涂料涂成的膜厚一般为4～8mm，称为厚质涂料；而高聚物改性沥青防水涂料和合成高分子防水涂料涂成的膜较薄，一般为2～3mm，称为薄质涂料，如溶剂型和水乳型防水涂料、聚氨酯和丙烯酸涂料等。防水涂料具有防水性能好、黏结力强、耐腐蚀、耐老化、整体性好、冷作业、施工方便等优点，但价格较高。其主要适用于防水等级为Ⅲ级、Ⅴ级的屋面防水，也可用作Ⅰ级、Ⅱ级屋面多道防水设防中的一道。

涂膜防水层是通过分层、分遍地涂铺，最后形成一道防水层。为加强防水性能(特别是防水薄弱部位)，可在涂层中加铺聚酯无纺布、化纤无纺布或玻璃纤维网布等胎体增强材料。胎体增强材料的铺设，当屋面坡度小于15%时可平行于屋脊铺设，并应由屋面最低处向上铺设，当屋面坡度大于15%时应垂直于屋脊铺设。胎体长边搭接宽度不小于50mm，短边搭接宽度不小于70mm。采用两层胎体增强材料时，上、下层不得相垂直铺设，搭接能应错开，其间不应小于幅宽的1/3。

涂膜防水层的基层应为混凝土或水泥砂浆，其质量同卷材防水屋面中找平层要求。涂膜防水屋面应设保护层，保护层材料可采用细砂、云母、蛭石、浅色涂料、水泥砂浆或块材等。采用水泥砂浆或块材时，应在涂膜和保护层之间设置隔离层。水泥砂浆保护层厚度不应小于20mm。

3. 刚性防水屋面

刚性防水屋面是采用混凝土浇捣而成的屋面防水层。在混凝土中掺入膨胀剂、减水剂、防水剂等外加剂，使浇筑后的混凝土细致密实，水分子难以通过，从而达到防水的目的。刚性防水屋面构造简单、施工方便、造价低廉，但对于温度变化和结构变形较敏感，容易产生裂缝而渗水。因此，刚性防水屋面主要适用于防水等级为Ⅲ级的屋面防水，也可用作Ⅰ、Ⅱ级屋面多道防水设防中的一道防水层；不适用于设有松散保温层的屋面、大跨度和轻型屋盖的屋面，以及受震动或冲击的建筑屋面。而且刚性防水层的节点部位应与柔性材料复合使用，才能保证防水的可靠性。

1) 刚性防水屋面构造层次及做法

刚性防水屋顶一般由结构层、找平层、隔离层和防水层组成，如图 4.7.7 所示。

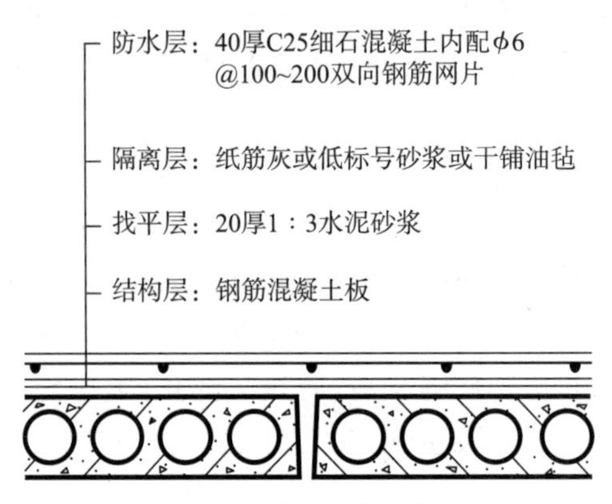

图 4.7.7　刚性防水屋顶构造

(1) 结构层：要求具有足够的强度和刚度，一般应采用现浇或预制装配的钢筋混凝土屋面板。

(2) 找平层：当结构层为预制钢筋混凝土屋面板时，其上应用 1：3 水泥砂浆做找平层，厚度为 20mm。若屋面板为整体现浇混凝土结构时则可不设找平层。

(3) 隔离层：位于防水层与结构层之间，其作用是减少结构变形对防水层的不利影响。在结构层与防水层间设置隔离层使二者脱开。隔离层可采用铺纸筋灰、低强度等级砂浆，或薄砂层上干铺一层油毡等做法。

(4) 防水层：采用不低于 C25 的细石混凝土整体现浇而成，其厚度宜不小于 40mm。为防止混凝土开裂，可在防水层中配直径 4mm 或者 6mm、间距 200mm 的双向钢筋网片，钢筋的保护层厚度不小于 15mm。

2) 刚性防水屋面细部构造

刚性防水屋面的细部构造包括屋面防水层的分格缝、泛水、檐口等部位的构造处理。

(1) 屋面分格缝：实质上是在屋面防水层上设置的变形缝。其目的是防止温度变形引起防水层开裂；防止结构变形将防水层拉坏。板缝用浸过沥青的木丝板等密封材料嵌填，缝口用油膏等嵌填；缝口表面用防水卷材铺贴盖缝。

(2) 泛水：刚性防水屋面的泛水构造要点与卷材屋面基本相同。不同的是，刚性防水层与屋面突出物(女儿墙、烟囱等)间须留分格缝，另铺贴附加卷材盖缝形成泛水。

(3) 檐口：刚性防水屋面檐口的形式一般有自由落水挑檐口、挑檐沟外排水檐口和女儿墙外排水檐口、坡檐口等。

4.7.3　坡屋顶构造

1. 坡屋顶的组成

坡屋顶一般由结构层、屋面、顶棚 3 部分组成，根据需要还有保温(隔热)层等，如图 4.7.8 所示。

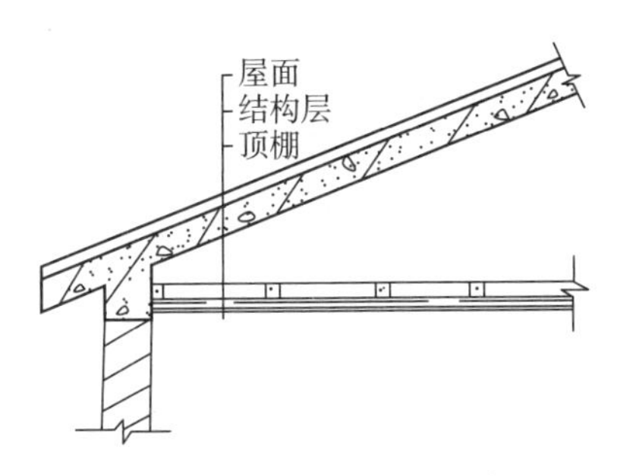

图 4.7.8　坡屋顶的组成

(1) 结构层。主要承受屋面各种荷载并传到墙或柱上，一般有木结构、钢筋混凝土结构和钢结构等。

(2) 屋面。屋面是屋顶上的覆盖层，起抵御雨、雪、风、霜、太阳辐射等自然侵蚀的作用，包括屋面盖料和基层。屋面材料有平瓦、油毡瓦、波形水泥石棉瓦、彩色钢板波形瓦、玻璃板、PC 板等。

(3) 顶棚。屋顶下面的遮盖部分，起遮蔽上部结构构件、使室内平整、改变空间形状以及保温隔热和装饰作用。

(4) 保温(隔热)层。起保温隔热作用，可设在屋面层或顶棚层。

2. 坡屋顶的承重结构

坡屋顶的承重结构主要由椽子、檩条、屋架梁、屋架等组成。常用的承重结构有山墙承重、屋架承重和梁架承重，如图 4.7.9 所示。

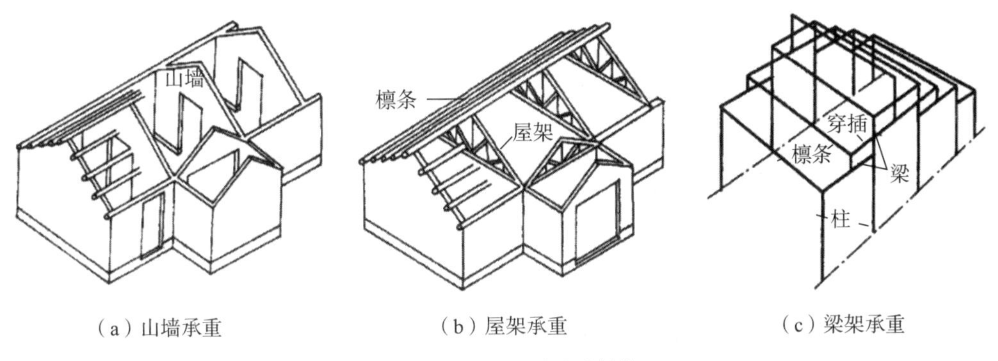

(a) 山墙承重　(b) 屋架承重　(c) 梁架承重

图 4.7.9　坡屋顶承重结构

1) 山墙承重

山墙承重即在山墙上搁檩条、檩条上设椽子后再铺屋面板，也可以在山墙上直接搁置挂瓦板、屋面板等形成屋面承重体系，如图 4.7.9(a)所示。布置檩条时，山墙端部檩条可出挑形成悬山屋顶。常用檩条有木檩条、混凝土檩条、钢檩条等。由于檩条及挂瓦板等跨度一般在 4m 左右，故山墙承重结构体系适用于小空间建筑，如宿舍、住宅等。山墙承重结构简单，构造和施工方便，在小空间建筑中是一种合理且经济的承重方案。

2) 屋架承重

屋架承重即在柱或墙上设屋架，再在屋架上放置檩条及椽子而形成的屋顶结构形式。

屋架由上弦杆、下弦杆、腹杆组成，如图 4.7.9(b)所示。由于屋顶坡度较大，故一般采用三角形屋架。屋架有木屋架、钢屋架、混凝土屋架等。屋架应根据屋面坡度进行布置，在四坡顶屋面及屋面相互交接处需增加斜梁或半屋架等构件。为保证屋架承重结构坡屋顶的空间刚度和整体稳定性，屋架间须设支撑。屋架承重结构适用于有较大空间的建筑。

3）梁架承重

梁架承重形式是我国古代建筑屋顶传统的结构形式，也称木构架，如图 4.7.9(c)所示。由柱、梁组成梁架在每两排梁架之间搁置檩条将梁架联系成一个完整骨架承重体系。建筑物的全部荷载由柱、梁、檩条骨架承重体系承担，墙只起围护和分隔空间的作用。这种结构的优点是形式整体好，抗震性能好，有“墙倒屋不塌”的说法。缺点是木材耗用多，耐火性能差，现在已经很少使用了。当房屋屋架为纵横交接，四面坡或歇山屋顶时，可采用梁架承重。

3. 坡屋顶的保温隔热

坡屋顶的保温：保温层一般布置在瓦材与檩条之间或吊顶棚上面。保温材料可根据工程的具体要求选用松散材料、块体材料或板状材料。

坡屋顶的隔热：炎热地区在坡屋顶中设进气口和排气口，利用屋顶内外的热压差和迎风面的压力差，组织空气对流，形成屋顶内的自然通风，以减少由屋顶传入室内的辐射热，从而达到隔热降温的目的。进气口一般设在檐墙上、屋檐部位或室内顶棚上；出气口最好设在屋脊处，以增大高差，有利于加速空气流通。

实操任务

认知民用建筑构造任务单

<table>
<tr><td>专业班组</td><td></td><td>组长</td><td></td><td>日期</td><td></td></tr>
<tr><td>任务目标</td><td colspan="5">能识别房屋建筑的基本组成及其构造；提升学习者调查分析能力、团队协作能力与沟通表达能力</td></tr>
<tr><td>工作任务</td><td colspan="5">建筑物观察报告</td></tr>
<tr><td>任务要求</td><td colspan="5">1. 选择一栋熟悉的建筑物，观察其中的墙体、楼地层、楼梯、门窗、屋顶等，并进行记录；
2. 观察记录内容主要包括墙体的类型、墙体的饰面做法；楼地面的装饰做法；门窗类型、作用、设置的合理性；楼梯的类型、位置、使用楼梯的感受、电梯使用注意事项；屋顶的类型与特点等；
3. 小组整理分析观察到的内容，做成 PPT 形式的观察报告，分组汇报交流</td></tr>
<tr><td rowspan="6">任务评价</td><td colspan="3">评 价 标 准</td><td colspan="2">分值(满分 100 分)</td></tr>
<tr><td colspan="3">PPT 制作精美，内容完整规范，逻辑清晰</td><td colspan="2">20</td></tr>
<tr><td colspan="3">调研充分，资料丰富</td><td colspan="2">20</td></tr>
<tr><td colspan="3">建筑各部位构造介绍详略得当</td><td colspan="2">20</td></tr>
<tr><td colspan="3">内容正确、合理</td><td colspan="2">20</td></tr>
<tr><td colspan="3">小组成员团结协作度高</td><td colspan="2">20</td></tr>
</table>

思考练习

一、填空题

1. 建筑物有________、________、________、________、________、________六大基本组成部分。

2. 基础按所用材料及受力特点可分为________、________。

3. 墙体按承重情况分为________、________。

4. 楼板层的4个基本组成部分是________、________、顶棚层、附加层。

5. 楼梯主要由________、________和________3部分组成。

6. 屋顶的外形有________、________、________等形式。

二、单项选择题

1. 对“基础”的描述,不正确的是(　　)。

A. 建筑物最下部的承重构件

B. 承受建筑物总荷载的土壤层

C. 建筑物的全部荷载通过基础传给地基

D. 应具有足够的强度和耐久性

2. 下列起竖向承重和围护分割的建筑物构件是(　　)。

A. 楼地层　B. 墙体　C. 地基　D. 梁

3. 根据钢筋混凝土楼板的施工方法不同可分为(　　)。

A. 现浇式、梁板式、板式　B. 板式、装配整体式、现浇式

C. 装配式、装配整体式、现浇式　D. 装配整体式、梁板式、板式

4. 每个梯段的踏步数以(　　)为宜。

A. 2～10级　B. 3～10级　C. 3～15级　D. 3～18级

5. 屋顶的坡度形成中材料找坡是指(　　)来形成。

A. 利用预制板的搁置　B. 利用结构层

C. 利用油毡的厚度　D. 选用轻质材料找坡

要点小结

本学习情境主要包括建筑物的组成与结构体系、基础构造、墙体构造、楼地层构造、楼梯构造、门与窗构造、屋顶构造7部分内容。旨在帮助学习者掌握建筑物的基本构造,并能识别与描述建筑物各构件及其功能、特点与设计要求等。

学习情景4
思考练习题答案

学习情景5　房屋使用过程中常见质量问题的识别与处理

思维导图

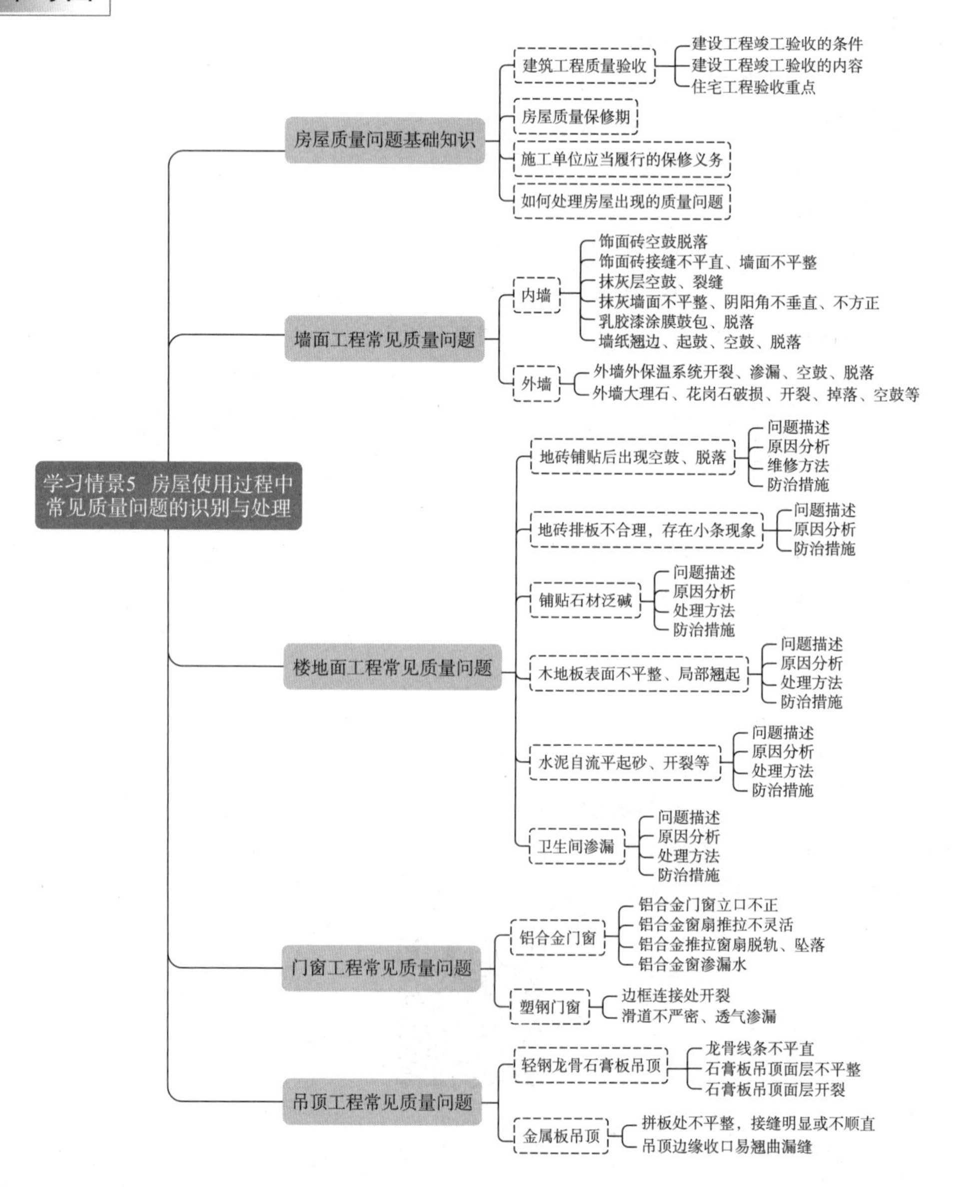

学习情景描述

房屋质量直接影响着居民的居住环境与生活质量。确保建筑质量与安全，及时对建筑质量问题进行分析和处理，已成为社会共识。作为物业管理人员，要做好物业的接管验收、建筑养护管理，必须能识别房屋使用过程中的常见质量问题。本学习情景主要包括房屋质量问题基础知识、墙面工程常见质量问题、地面工程常见质量问题、门窗工程常见质量问题、吊顶工程常见质量问题共5个方面内容。通过此情景学习，学习者可以了解住宅工程主要质量指标、房屋保修期限与维修责任界定，能识别房屋使用过程中的常见质量问题，并能分析其形成原因、维修方法与防治措施。

学习目标

1. 了解住宅工程主要质量指标、保修期限与维修责任界定；
2. 能识别房屋使用过程中常见质量问题类别；
3. 能分析房屋常见质量问题的形成原因、维修方法与防治措施。

案例引入

扫描二维码，阅读案例“建筑坍塌典型事故”。思考回答以下问题。

1. 这个案例对你有什么启发？
2. 谈谈作为一名物业管理人员，怎么在自己责任范围内保障房屋安全？

案例5
建筑坍塌典型事故

拓展知识8
《房屋建筑和市政基础设施工程竣工验收规定》
（建质〔2013〕171号）

拓展知识9
《房屋建筑工程质量保修办法》(2000)

拓展知识10
《商品房销售管理办法》
(2001)

拓展知识11
《最高人民法院关于审理商品房买卖合同纠纷案件适用法律若干问题的解释》

任务 5.1　房屋质量问题基础知识

5.1.1　建设工程质量验收

1. 建设工程竣工验收的条件

根据住建部《房屋建筑和市政基础设施工程竣工验收规定》(建质〔2013〕171 号)规定，工程符合下列要求方可进行竣工验收。

(1) 完成工程设计和合同约定的各项内容。

(2) 施工单位在工程完工后对工程质量进行了检查，确认工程质量符合有关法律、法规和工程建设强制性标准，符合设计文件及合同要求，并提出工程竣工报告。工程竣工报告应经项目经理和施工单位有关负责人审核签字。

(3) 对于委托监理的工程项目，监理单位对工程进行了质量评估，具有完整的监理资料，并提出工程质量评估报告。工程质量评估报告应经总监理工程师和监理单位有关负责人审核签字。

(4) 勘察、设计单位对勘察、设计文件及施工过程中由设计单位签署的设计变更通知书进行了检查，并提出质量检查报告。质量检查报告应经该项目勘察、设计负责人和勘察、设计单位有关负责人审核签字。

(5) 有完整的技术档案和施工管理资料。

(6) 有工程使用的主要建筑材料、建筑构配件和设备的进场试验报告，以及工程质量检测和功能性试验资料。

(7) 建设单位已按合同约定支付工程款。

(8) 有施工单位签署的工程质量保修书。

(9) 对于住宅工程，进行分户验收并验收合格，建设单位按户出具住宅工程质量分户验收表。

(10) 建设主管部门及工程质量监督机构责令整改的问题全部整改完毕。

(11) 法律、法规规定的其他条件。

2. 建设工程竣工验收的内容

(1) 检查工程是否按批准的设计文件建成，配套、辅助工程是否与主体工程同步建成。

(2) 检查工程质量是否符合相关设计规范及工程施工质量验收标准。

(3) 检查工程设备配套及设备安装、调试情况，国外引进设备合同完成情况。

(4) 检查概算执行情况及财务竣工决算编制情况。

(5) 检查联调联试、动态检测、运行试验情况。

(6) 检查环保、水保、劳动、安全、卫生、消防、防灾安全监控系统、安全防护、应急疏散通道、办公生产生活房屋等设施是否按批准的设计文件建成、合格，精测网复测是否完成、复测成果和相关资料是否移交设备管理单位，工机具、常备材料是否按设计配备到位，地质灾害整治及建筑抗震设防是否符合规定。

(7) 检查工程竣工文件编制完成情况，竣工文件是否齐全、准确。

(8) 检查建设用地权属来源是否合法，面积是否准确，界址是否清楚，手续是否齐备。

3. 住宅工程验收重点

本节以江苏省为例，节选部分住宅工程质量分户验收重点与质量要求。

(1) 室内楼地面验收重点见表 5.1.1。

表 5.1.1　室内楼地面验收重点

序号	主要验收内容	质量要求	检查方法	检查数量
1	普通水泥楼地面	① 空鼓面积不大 $400cm^2$，且每自然间(标准间)不多于 2 处可不计 ② 面层应平整，不应有裂缝、脱皮、起砂等缺陷，阴阳角应方正顺直	① 用小锤轻击检查 ② 俯视观察	① 对所有布点全数检查 ② 逐间检查
2	板块楼地面面层	① 板块面层与基层上下层应结合牢固、无空鼓 单块板块局部空鼓，面积不大于单块板材面积的 20%，且每自然间(标准间)不超过总数的 5%可不计 ② 板块面层表面应洁净、平整，无明显色差，接缝均匀、顺直，板块无裂缝、掉角、缺棱等缺陷	① 用小锤轻击检查 ② 俯视观察	① 对每一自然间板块地坪按梅花形布点进行敲击，板块阳角处应全数检查 ② 全数检查
3	木、竹楼地面面层	① 木、竹面层铺设应牢固，黏结无空鼓，脚踩无响声 ② 木、竹面层表面应洁净、平整，无明显色差，接缝严密、均匀，面层无损伤、划痕等缺陷。同房间每处划痕最长不超过 100mm，所有划痕累计长度不超过 300mm	① 观察、脚踩或用小锤轻击检查 ② 俯视观察	① 对每一自然间木、竹地面按梅花形布点进行检查 ② 全数检查

(2) 室内墙面、顶棚抹灰工程验收重点见表 5.1.2。

表 5.1.2　室内墙面、顶棚抹灰工程验收重点

序号	主要验收内容	质量要求	检查方法	检查数量
1	室内墙面抹灰面层	① 抹灰层与基层之间及各抹灰层之间必须黏结牢固，不应有脱层、空鼓等缺陷。空鼓面积不大于 $400cm^2$，且每自然间(标准间)不多于 2 处可不计 ② 室内墙面应平整，表面应光滑，洁净，颜色均匀，立面垂直度、表面平整度应符合相关要求，阴阳角应顺直。不应有爆灰、起砂和裂缝	① 空鼓用小锤在可击范围内轻击，间隔 400～500mm 均匀布点，逐点敲击 ② 距墙 1.5m 处观察检查	全数检查

续表

序号	主要验收内容	质量要求	检查方法	检查数量
2	室内墙面涂饰面层	① 涂饰面层应黏结牢固,不得漏涂、透底、起皮、掉粉和反锈等缺陷 ② 室内墙面涂饰面层不应有爆灰、裂缝、起皮,同一面墙无明显色差;表面无划痕、损伤、污染,阴阳角应顺直	① 观察、手摸检查 ② 距墙 1.5m 处观察检查	全数检查
3	室内墙面裱糊及软包面层	① 室内裱糊墙面应平整、色泽一致,相邻两幅不显拼缝、不离缝、花纹图案吻合;同一块软包面料不应有接缝,四周应绷压严密 ② 木、竹面层表面应洁净、平整,无明显色差,接缝严密、均匀,面层无损伤、划痕等缺陷。同房间每处划痕最长不超过 100mm,所有划痕累计长度不超过 300mm	① 观察、脚踩或用小锤轻击检查 ② 俯视观察	① 对每一自然间木、竹地面按梅花形布点进行检查 ② 全数检查
4	室内墙面饰面板(砖)面层	① 单块板块局部空鼓,面积不大于单块板材面积的 20%,且每自然间(标准间)不超过总数的 5%可不计 ② 室内墙面饰面板(砖)面层表面应洁净、平整,无明显色差,接缝均匀,板块无裂缝、掉角、缺棱等缺陷	① 用小锤轻击检查 ② 手摸,距墙 1.50m 处观察检查	① 对每一自然间内 400～500mm 按梅花形布点进行敲击,板块阳角处应全数检查 ② 手摸,距墙 1.50m 处观察检查
5	室内顶棚抹(批)灰	① 顶棚抹(批)灰层与基层之间及各抹(批)灰层之间必须黏结牢固,无空鼓 ② 顶棚抹(批)灰应光滑、洁净,面层无爆灰和裂缝,表面应平整	① 观察检查。当发现顶棚抹(批)灰有裂缝、起鼓等现象时,采用小锤轻击检查 ② 观察检查	全数检查

(3) 门窗、护栏和扶手、玻璃安装、橱柜工程验收重点见表 5.1.3。

表 5.1.3 门窗、护栏和扶手、玻璃安装、橱柜工程验收重点

序号	主要验收内容	质量要求	检查方法	检查数量
1	门窗开启性能	门窗应开关灵活、关闭严密,无倒翘	观察、手扳检查;开启和关闭检查	全数检查
2	门窗配件	门窗配件的规格、数量应符合设计要求,安装应牢固,位置应正确,功能应满足使用要求。配件应采用不锈钢、铜等材料,或有可靠的防锈措施	观察、手扳检查;开启和关闭检查	全数检查

续表

序号	主要验收内容	质量要求	检查方法	检查数量
3	门窗扇的橡胶密封条或毛毡密封条	门窗扇的橡胶密封条或毛毡密封条应安装完好，不应脱槽。铝合金门窗的橡胶密封条应在转角处断开，并用密封胶在转角处固定	观察、手扳检查	全数检查
4	门窗的排水及窗周的施工质量	有排水孔的门窗，排水孔应畅通，位置数量应满足排水要求。窗台流水坡度，滴水线(槽)设置符合要求	观察、手摸检查	全数检查
5	进户门质量	内门种类应符合设计要求；内门开关灵活，关闭严密，无倒翘，表面无损伤、划痕	观察；开启检查	全数检查
6	窗帘盒、门窗套及台面	窗帘盒、门窗套种类及台面应符合设计要求；门窗套平整、线条顺直、接缝严密、色泽一致，门窗套及台面表面无划痕及损坏	观察；手摸检查	全数检查
7	护栏和扶手	护栏和扶手的材质、造型、尺寸、高度、栏杆间距应符合设计要求，安装牢固，无毛刺，并应符合下列规定 ① 护栏应以坚固、耐久的材料制作，并能承受荷载规范规定的水平荷载 ② 阳台、外廊、内天井及上人屋面等临空处栏杆高度不应小于1.05m，中高层、高层建筑的栏杆高度不应低于1.10m ③ 栏杆应采用不宜攀登的构造。当采用花式护栏或有水平杆件时，应设置防攀爬(设置金属密网或钢化玻璃肋)措施 ④ 楼梯扶手高度不应小于0.9m，水平段杆件长度大于0.5m时，其扶手高度不应小于1.05m ⑤ 栏杆垂直杆件的净距不应大于0.11m ⑥ 外窗台低于0.9m，应有防护措施 ⑦ 护栏玻璃应使用公称厚度不小于12mm的钢化玻璃或钢化夹层玻璃。当护栏一侧距楼地面高度5m及以上时，应使用钢化夹层玻璃 ⑧ 当设计文件规定室内楼梯栏杆由住户自理时，应设置安全防护措施	观察、尺量检查；手扳检查	全数检查

续表

序号	主要验收内容	质量要求	检查方法	检查数量
8	玻璃安装工程	① 橱柜安装位置、固定方法应符合设计要求。且安装必须牢固。配件齐全 ② 橱柜表面平整、洁净、色泽一致，无裂缝、翘曲及损坏。橱柜裁口顺直、拼缝严密	观察、手扳检查	全数检查
9	橱柜工程			

(4) 防水工程验收重点见表5.1.4。

表5.1.4 防水工程验收重点

序号	主要验收内容	质量要求	检查方法	检查数量
1	外墙防水	工程竣工时，墙面不应有渗漏等缺陷	① 进户目测观察检查，对户内外墙体发现有渗漏水、渗湿、印水及墙面开裂现象的部位作醒目标记，查明渗漏、开裂原因，并将检查情况作详细书面记录 ② 在做外窗淋水后进户目测观察检查	逐户全数检查
2	外窗防水	① 建筑外墙金属窗、塑料窗水密性、气密性应由经备案的检测单位进行现场抽检合格 ② 门窗框与墙体之间采用密封胶密封。密封胶表面应光滑、顺直，无裂缝 ③ 住宅工程外窗及周边不应有渗漏	① 建筑外墙金属窗、塑料窗的现场抽样检测 ② 淋水观察检查或雨后检查 采用人工淋水试验，每3～4层(有挑檐的每1层)设置1条横向淋水带，淋水时间不少于1h后进户目测观察检查，对户内外门、窗发现有渗漏水、渗湿、印水现象的部位作醒目标记，查明渗漏原因，并将检查、处理情况做出详细书面记录	① 建筑外墙金属窗、塑料窗现场抽样数量按现行国家验收规范窗复验要求的数量，现场检测可代替窗进场抽样复验。同一单位工程、同一厂家、同一材料、同一工艺生产的外墙窗可按同一检验批进行抽检 ② 人工淋水逐户全数检查

续表

序号	主要验收内容	质量要求	检查方法	检查数量
3	厨卫间、开放式阳台等有防水、排水要求的楼地面	防水地面不得存在渗漏和积水现象，排水畅通	蓄水、放水后检查。蓄水深度不小于20mm，蓄水时间不少于24h	全数检查
4	住宅屋面防水性能及节点构造	① 屋面不应留有渗漏、积水等缺陷 ② 天沟、檐沟、泛水、变形缝等构造，应符合设计要求	① 对照设计文件要求，观察检查天沟、檐沟、泛水、变形缝和伸出屋面管道的防水构造是否满足设计及规范要求 ② 平屋面分块蓄水，蓄水深度不低于20mm，24h后目测观察检查户内顶棚，天沟、管道根部，不应有渗漏现象 ③ 坡屋面在雨后或持续淋水2h后目测观察检查，不应渗漏	住宅顶层逐户全数检查

(5) 空间尺寸验收重点见表5.1.5。

表5.1.5　空间尺寸验收重点

序号	主要验收内容	质量要求	检查方法	检查数量
1	开间、进深	允许偏差±15mm； 允许极差20mm	① 空间尺寸检查前应根据户型特点确定测量方案，并按设计要求和施工情况确定空间尺寸的推算值 ② 在分户验收记录所附的套型图上标明房间编号 ③ 净开间、进深尺寸每个房间各测量不少于2处，测量部位宜在距墙角(纵横墙交界处)50cm ④ 特殊形状的自然间可单独制订测量方法	自然间全数检查

续表

序号	主要验收内容	质量要求	检查方法	检查数量
2	净高	允许偏差±15mm； 允许极差 20mm	① 空间尺寸检查前应根据户型特点确定测量方案，并按设计要求和施工情况确定空间尺寸的推算值 ② 在分户验收记录所附的套型图上标明房间编号 ③ 净高尺寸每个房间测量不少于 5 处，测量部位宜为房间四角距纵横墙 50cm 处及房间几何中心处 ④ 特殊形状的自然间可单独制订测量方法	自然间全数检查

（6）给水排水工程验收重点见表 5.1.6。

表 5.1.6　给水排水工程验收重点

序号	主要验收内容	质量要求	检查方法	检查数量
1	室内给水管道及配件安装	① 管材、管件、阀门的规格、型号符合图纸及有关标准的要求。给水管道必须采用与管材相适应的管件，生活给水系统所涉及的材料必须达到饮用水卫生标准。同一系统的化学管材、管件、应为同一厂家同一批次的产品 ② 管道位置、标高正确，支、吊架安装平稳牢固，间距符合要求，接口连接符合要求，严密无渗漏 ③ 冷、热水管道上、下平行安装时热水管应在冷水管上方；垂直平行安装时热水管应在冷水管左侧 ④ 阀门安装位置、方向正确，便于使用检修 ⑤ 管道穿过墙壁和楼板，应设置套管。安装在楼板内的套管，其顶部高出装饰地面 20mm；安装在卫生间及厨房内的套管，其顶部应高出装饰地面 50mm，底部应与楼板底面相平；安装在墙壁内的套管其两	① 观察、尺量 ② 保压 24h 后每户接通给水外网后逐一打开用户用水点，检查卫生器具、阀门及给水管管道及接口	① 全数检查 ② 全数做压力试验并通水检查

续表

序号	主要验收内容	质量要求	检查方法	检查数量
1	室内给水管道及配件安装	端与饰面相平。穿过楼板的套管与管道之间缝隙宜用阻燃密实材料填实，且端面应光滑。管道的接口不得设在套管内 ⑥ 管径小于或等于100mm的镀锌钢管应采用螺纹连接，被破坏的镀锌层表面及外露螺纹部分应作防腐处理 ⑦ 给水管道末端应保持水压在0.05～0.35MPa范围内不渗不漏；室内各用水点放水通畅，水质清澈		
2	室内排水管道及配件安装	① 管材、管件规格、型号符合图纸及有关标准的要求，排水塑料管材、管件、应为同一厂家同一批次的产品 ② 用于室内排水的水平管道与立管的连接，应采用45°三通或45°四通和90°斜三通或90°斜四通。立管与排出管端部的连接，应采用两个45°弯头 ③ 排水塑料管必须按设计要求及位置设置伸缩节，顶层出墙（屋面）的管道应按规范要求设置伸缩节。管道固定或滑动支吊架位置应设置合理，并应符合设计及规范要求 ④ 管道坡度必须符合设计及规范要求，不应有倒坡或平坡现象 ⑤ 生活污水管道上设置的检查口或清扫口应符合要求 ⑥ 高层建筑中明设排水塑料管应按设计要求设置阻火圈或防火套管 ⑦ 排水通气管不得与风道或烟道连接，且应符合下列规定 a. 通气管应高出屋面300mm，且必须大于最大积雪厚度 b. 在通气管出口4m范围以内有门、窗时，通气管应高出门、窗顶600mm或引向无门、窗一侧 c. 上人屋面通气管应高出屋面2m，并应根据防雷要求设置防雷装置	观察和尺量检查	全数检查

续表

序号	主要验收内容	质量要求	检查方法	检查数量
3	地漏	水封高度不小于50mm	插入地漏尺量存水高度	全数抽查
4	排水管道系统功能试验	排水管道通水应畅通,管道及接口无渗漏。排水主立管及水平干管管道的通球应畅通	同时打开该户所有用水点对排水管道及接口进行通水检查;用球径不小于排水管道管径的2/3的球对排水主立管及水平干管管道进行通球检查	全数抽查
5	卫生器具安装工程	① 卫生器具安装尺寸、接管及坡度应符合设计及规范要求;固定牢固;接口封闭严密;器具表面无污染,无损伤、划痕;支、托架等金属件防腐良好 ② 卫生器具给水配件应完好无损伤,接口严密,启闭灵活 ③ 地漏位置合理,低于排水表面,地漏水封高度不小于50mm ④ 满水后各连接件不渗不漏;通水试验排水畅通	① 观察、尺量检查 ② 满水后各连接件不渗不漏;通水试验排水畅通	全数检查

5.1.2 房屋质量保修期

房屋保修期是指物业开发建设单位在物业交付使用后,对业主承担保修责任的期限。销售商品住宅时,房地产开发企业应当根据《商品住宅实行质量保证书和住宅使用说明书制度的规定》,向买受人提供住宅质量保证书和住宅使用说明书。住宅质量保证书,是房地产开发商将新建成的房屋出售给购买人时,针对房屋质量向购买者做出承诺保证的书面文件,具有法律效力。开发商应依据住宅质量保证书上约定的房屋质量标准承担维修、补修的责任。

建设部《商品房销售管理办法》(2001)第三十三条规定:“房地产开发企业应当对所售商品房承担质量保修责任。当事人应当在合同中就保修范围、保修期限、保修责任等内容做出约定。保修期从交付之日起计算。商品住宅的保修期限不得低于建设工程承包单位向建设单位出具的质量保修书约定保修期的存续期;存续期少于该规定中确定的最低保修期限的,保修期不得低于该规定中确定的最低保修期限。非住宅商品房的保修期限不得低于建设工程承包单位向建设单位出具的质量保修书约定保修期的存续期。在保修期限内发生的属于保修范围的质量问题,房地产开发企业应当履行保修义务,并对造成的损失承担赔偿责任。因不可抗力或者使用不当造成的损坏,房地产开发企业不承担责任。”这里的

《规定》是指《商品住宅实行质量保证书和住宅使用说明书制度的规定》。

依据国务院《建筑工程质量管理条例》(2000)第四十条规定：在正常使用条件下，建设工程的最低保修期限为：

(1) 基础设施工程、房屋建筑的地基基础工程和主体结构工程，为设计文件规定的该工程的合理使用年限；

(2) 屋面防水工程、有防水要求的卫生间、房间和外墙面的防渗漏，为5年；

(3) 供热与供冷系统，为2个采暖期、供冷期；

(4) 电气管线、给排水管道、设备安装和装修工程，为2年；

(5) 其他项目的保修期限由发包方与承包方约定；

(6) 建设工程的保修期，自竣工验收合格之日起计算。

5.1.3　施工单位应当履行的保修义务

(1) 施工单位对施工中出现质量问题的建设工程或者竣工验收不合格的建设工程，应当负责返修。

(2) 房屋建筑工程在保修期限内出现质量缺陷，建设单位或者房屋建筑所有人应当向施工单位发出保修通知。施工单位接到保修通知后，应当现场核查情况，在保修书约定的时间内予以保修。发生涉及结构安全或者严重影响使用功能的紧急抢修事故，施工单位接到保修通知后，应当立即到达现场抢修。

(3) 保修完成后，由建设单位或房屋建筑所有人组织验收。涉及结构安全的，应当报当地建设行政主管部门备案。

(4) 施工单位不按工程质量保修书约定保修的，建设单位可以另行委托其他单位保修，由原施工单位承担相应责任。

(5) 保修费用由质量缺陷的责任方承担。

(6) 在保修期内，因房屋建筑工程质量缺陷造成房屋所有人、使用人或者第三方人身、财产损害的，房屋所有人、使用人或者第三方可以向建设单位提出赔偿要求。建设单位向造成房屋建筑工程质量缺陷的责任方追偿。

(7) 因保修不及时造成新的人身、财产损害，由造成拖延的责任方承担赔偿责任。

(8) 下列情况不属于本办法规定的保修范围：①因使用不当或者第三方造成的质量缺陷；②不可抗力造成的质量缺陷。

5.1.4　如何处理房屋出现的质量问题

根据《最高人民法院关于审理商品房买卖合同纠纷案件适用法律若干问题的解释》(法释〔2003〕7号修改)第九条规定，因房屋主体结构质量不合格不能交付使用，或者房屋交付使用后，房屋主体结构质量经核验确属不合格，买受人请求解除合同和赔偿损失的，应予支持。

根据《最高人民法院关于审理商品房买卖合同纠纷案件适用法律若干问题的解释》(法

释〔2003〕7号修改)第十条规定,因房屋质量问题严重影响正常居住使用,买受人请求解除合同和赔偿损失的,应予支持。

交付使用的房屋存在质量问题,在保修期内,出卖人应当承担修复责任;出卖人拒绝修复或者在合理期限内拖延修复的,买受人可以自行或者委托他人修复。修复费用及修复期间造成的其他损失由出卖人承担。

《中华人民共和国民法典》第九百四十二条规定,物业服务人应当按照约定和物业的使用性质,妥善维修、养护、清洁、绿化和经营管理物业服务区域内的业主共有部分,维护物业服务区域内的基本秩序,采取合理措施保护业主的人身、财产安全。

【案例】 保修期内的房屋质量问题,物业公司需担责吗?

居民孙先生反映,2019年7月拿房时,因房屋外墙渗漏,一直无法装修入住,虽然开发商陆陆续续维修了3年,但问题一直没有得到彻底解决。如今,物业公司索要前两年的物业费。孙先生认为,物业没有帮他解决问题,因此产生矛盾。

案例分析:

根据建设部2000年发布的《房屋建筑工程质量保修办法》第四条规定,房屋建筑工程在保修范围和保修期限内出现质量缺陷,施工单位应当履行保修义务。但是如果房屋已过保修期,那么出现自用部分损坏,如卫生间马桶漏水、水管破裂等,业主需要自己出钱维修;如果非人为造成的共用部分损坏,维修费用需要居民分摊,有住宅专项维修资金的小区可提取小区物业专项维修资金进行维修。

在保修范围、保修期内发生的工程质量问题,应该由开发商负责保修,如果物业公司在业主反映房屋质量问题后,已经将问题告知开发商,并进行积极协助和协调,那么,物业公司则已经尽到了自己的义务,并不需要为业主的损失负责。若业主对工程质量或开发建设单位的保修工作不满意,可直接向工程质量主管部门建设局反映。

任务5.2 墙面工程常见质量问题

5.2.1 内墙

1. 饰面砖空鼓脱落

1) 质量问题描述

陶瓷饰面砖粘贴后,对饰面进行保养,达到要求后经锤击检查空鼓情况,符合相关质量规范要求;但经过一段时间,有些墙面仍会出现空鼓,甚至墙砖脱落现象,如图5.2.1所示。

2) 原因分析

(1) 基层抹灰空鼓、铺贴前未检查到位;抹灰基层配比不准确,强度不足,影响粘贴附着能力。

(2) 厨卫墙面防水、界面剂及瓷砖胶不是同一系列品牌,相互不兼容,致使瓷砖胶与墙体不粘结。

(3) 部分墙面黏结层过厚;未使用"双面刮浆法";瓷砖砖铺贴上墙后拍实不到位,导致

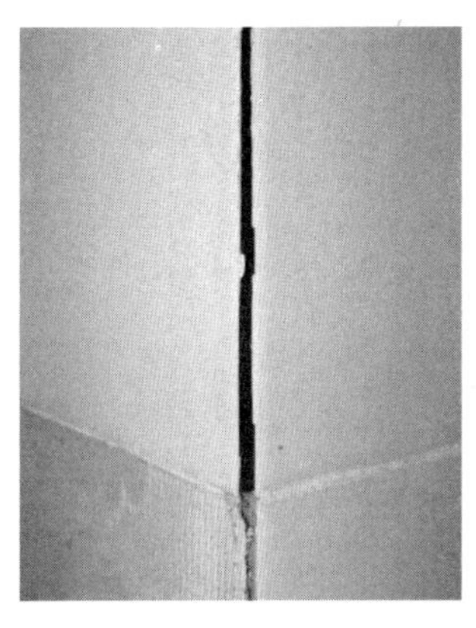

图 5.2.1 瓷砖空鼓脱落

瓷砖无法与基层充分压实。

(4) 瓷砖黏结层未使用锯齿刀刮平,黏结层不饱满,黏结受力不均匀。

3) 维修方案

(1) 施工前对已做好的抹灰基层进行严格检查,不局限于空鼓、平整度等全方位检查,对不合格部分进行整改,严格把好基层关。

(2) 对所有墙面涂刷强固,若墙面有防水层,要选择兼容性较好的强固,并与黏结剂使用同品牌。

(3) 陶瓷砖施工前要经过浸泡,确保施工前的施工含水率,避免饰面砖与胶泥结合时,吸水太快。

(4) 施工时使用锯齿慢刀进行薄层施工,厚度控制在 5～8mm;采用“双面粘贴法”施工,铺贴时采用橡皮锤或振动器揉压饰面砖,使其与基层充分粘贴,确保满浆率。

4) 防治措施

(1) 饰面砖施工前一定要做好准备工作,了解现场实际情况,制订好施工方案,并做好技术交底。

(2) 把控好材料关,对施工相关材料特性等要了解到位,材料配备互补到位,材料进场质量检查到位。

(3) 施工期间严格把控施工质量,做好样板工艺先行,让各个施工人员了解施工工序,并按部就班地执行到位。

(4) 施工完成后,要保养、保护到位。

2. 饰面砖接缝不平直、墙面不平整

1) 问题描述

瓷砖墙面粘贴后,墙面凹凸不平,瓷砖板缝错位明显,板缝横竖线条不顺直,如图 5.2.2 所示。

2) 原因分析

(1) 瓷砖饰面无专项设计,盲目施工。

(2) 瓷砖外观尺寸偏差较大。

(3) 墙体、找平层不平整、不垂直。

图 5.2.2　饰面砖边角不平

(4) 传统的密缝粘贴方法，板缝砂浆嵌填困难，一部分板缝有砂浆，另一部分无砂浆，粘贴面积越大，板缝的积累偏差也越大。

3) 防治措施

(1) 基层表面一定要平整、垂直。

(2) 施工中应挑选优质瓷砖，校核尺寸，分类堆放。

(3) 镶贴前应弹线预排，找好规矩。

(4) 铺贴后立即拨缝，调直拍实。

3. 抹灰层空鼓、裂缝

1) 问题描述

在室内装饰工程施工结束之后，经常会出现墙体抹灰层开裂、空鼓、脱落等问题，给维修及美观带来很大麻烦和影响，如图 5.2.3 所示。

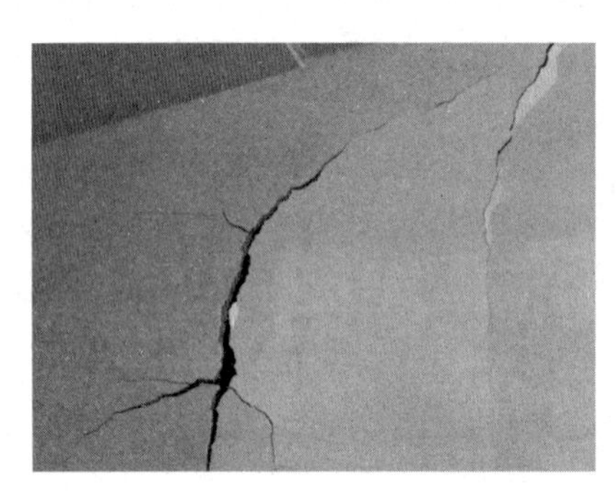

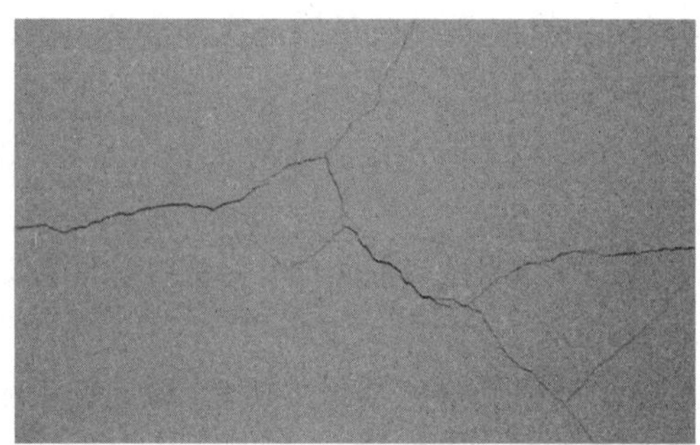

图 5.2.3　内墙抹灰层空鼓、裂缝

空鼓是指抹灰基层、砂浆层、墙体间黏结不牢，或是抹灰砂浆密实度不够导致的内空现象。

开裂一般是抹灰砂浆自身收缩引起开裂，抹灰砂浆收缩主要包括化学收缩、干燥收缩、温度收缩及塑性收缩。这些收缩将在抹灰砂浆中产生拉应力，当拉应力超过抹灰砂浆的抗拉强度时就会出现裂缝。

2) 原因分析

(1) 基层处理不当。如抹灰基层如过于干燥，则砂浆中的水分很快就会被基层吸收，影响黏结力;基层浮灰或松散砂浆,混凝土块未清理干净,易造成抹上去的砂浆无法与基层黏结牢固;基层太光滑未进行甩浆凿毛处理或有油性物质未清除干净,则抹灰层易产生空鼓现象。

(2) 抹灰砂浆配合比计量不准确,导致有的抹灰砂浆和易性和保水性差,硬化时收缩大,粘结强度低。

(3) 工人抹灰施工操作方法不当。一次抹灰层过厚,没有分层分遍进行粉刷,砂浆较重易出现坠裂或收缩不均匀裂缝。

(4) 后期养护方面。抹灰面完成后,在规定时间内没进行浇水养护,不能及时提供砂浆中水泥水化热所需水分,砂浆干缩过快,易产生开裂。

3) 处理方法

主要采用挖补抹灰或贴缝修补的方法,其施工工艺如下。

(1) 对于缝隙较大的部位,要将起鼓范围内的抹灰铲除并清理干净,在其四周向里铲出15°的倾角。当基体为砖砌体时,应刮掉砖缝10～15mm深,使新灰能嵌入缝内,与砖墙结合牢固。

(2) 基体表面(含四周铲口)洒水湿润,要求洒足而均匀,但也不要过量。

(3) 抹底灰,按原抹灰层的分层厚度分层补抹。

(4) 抹罩面层,待第二遍抹灰层干到六七成(一般用时1～4h),罩面层应与原抹灰面相平,并在接缝处用排笔压实抹光。

(5) 对于细小缝隙,一般在裂缝处先用砂纸打磨,再粘贴无纺布或穿孔纸带,然后再批嵌腻子刷涂料。

4. 抹灰墙面不平整、阴阳角不垂直、不方正

1) 问题描述

墙面垂直度、平整度、阴阳角垂直度和方正性达不到验收标准要求;光照下,墙面上有明显凹凸不平的抹纹,如图5.2.4所示。

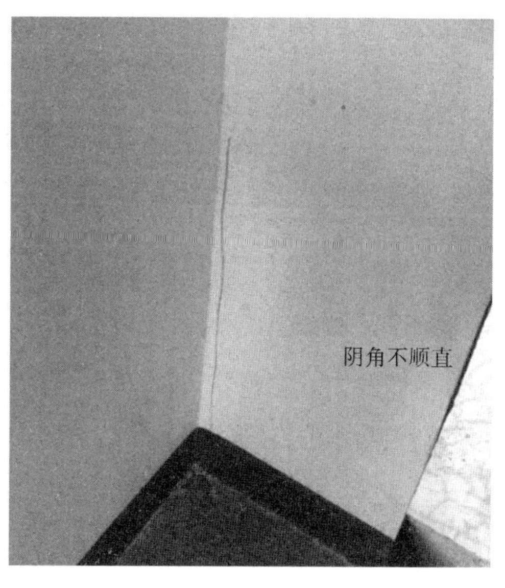

图5.2.4 内墙阴角不顺直

2）原因分析

(1) 图省力，省工缺序，未按施工工序操作。

(2) 抹灰前没有事先按规矩找方、挂线、做灰饼和冲筋，冲筋用料强度较低或冲筋后过早进行抹面施工。

(3) 冲筋离阴阳角距离较远，影响了阴阳角的方正。

3）防治措施

(1) 抹灰前按规矩找方，横线找平，立线吊直，弹出基准线和墙裙(踢脚板)线。

(2) 增加检查频次，修正抹灰工具，尤其避免木杠变形后再使用。

(3) 抹阴阳角时应随时检查角的方正，及时修正。

(4) 罩面灰施抹前应进行一次质检验收，不合格处必须修正后再进行面层施工。

(5) 先用托线板检查墙面平整度和垂直度，决定抹灰厚度，在墙面的两上角用 1：3 砂浆或者 1：3：9 混合砂浆各做一个灰饰，利用托线板在墙面的两下角做出灰饼，拉线，间隔 1.2～1.5m 做墙面灰饼，冲纵筋同灰饼平，再次利用托线板和拉线检查，一切无误后方可抹平。

5. 乳胶漆涂膜鼓包、脱落

1）问题描述

乳胶漆是乳胶涂料的俗称，是以丙烯酸酯共聚乳液为代表的一大类合成树脂乳液涂料，具备了与传统墙面涂料不同的众多优点，如易于涂刷、干燥迅速、漆膜耐水、耐擦洗性好等。乳胶漆的漆膜是指乳胶漆经过漆工高超的技艺施工后形成的固态连续的涂层，也就是一层比较薄的保护膜。乳胶漆涂膜鼓包、脱落是墙面漆常见的质量缺陷形式，如图 5.2.5 所示。

图 5.2.5　乳胶漆涂膜鼓包、脱落

2）原因分析

(1) 基层处理不当，表面有污垢、水汽、灰尘或化学物品等。

(2) 每遍涂膜太厚。

(3) 基层潮湿。

(4) 环境原因。

3）处理方法

（1）残漆去除。如果漆膜发生开裂、起皮等现象，需要用刮刀、砂纸等工具将旧漆清除掉。这样能去除掉影响新漆附着的障碍。

（2）基层处理。基层处理非常重要，只有做好了基层处理，才能增加涂料附着力。如果表面存在粗糙、不平等缺陷，需要进行研磨、填充和试涂等处理。

（3）重新涂刷。起鼓区域清除完残漆后需要重新涂刷。建议使用封闭底漆来避免墙面吸水，加强涂层的附着力。

（4）加速干燥。在潮湿环境下施工时，墙面乳胶漆需要适当延长干燥时间，否则可能导致起鼓。如果已经出现起鼓现象，可以考虑通过除湿机等方式加速干燥，从而缩小鼓起部分的大小。

（5）重新涂装。经过以上处理还是不能消除起鼓，就需要考虑重新涂装，尽量保证涂层均匀、厚度适当。

4）防治措施

（1）基层应清理干净，砂纸打磨后产生的灰尘应清扫干净。

（2）按要求控制每遍漆膜的厚度。

（3）基层应干燥，混凝土及抹灰面层的含水率应在10％以下（新抹砂浆常温要求7d以后，现浇混凝土常温要求28d以后）。

（4）水性涂料涂饰工程的环境温度应在5～35℃，并注意通风换气和防尘。冬季室内温度不宜低于5℃，相对湿度为85％，并在供暖条件下进行，室温保持均匀，不得突然变化。

6. 墙纸翘边、起鼓、空鼓、脱落

1）问题描述

墙纸也称为壁纸，是一种用于裱糊墙面的室内装修材料，因为具有色彩多样、图案丰富、豪华气派、安全环保、施工方便、价格适宜等优点，广泛用于住宅、办公室、宾馆、酒店的室内装修等。材质不局限于纸，也包含其他材料。在使用中常出现翘边、起鼓、空鼓、脱落等质量问题，如图5.2.6所示。

图5.2.6　墙纸起鼓、开裂

2）原因分析

（1）基层清理不干净或不平整。墙纸裁剪不到位、不顺直。

(2) 基层含水率过大或表面干燥太快。

(3) 基层未涂刷基膜,导致墙体碱性或其他能引起墙纸胶变质的化学物质泛出,引起胶黏剂失效。

(4) 未涂刷底胶或底胶涂刷不均匀。壁纸背胶刷胶厚薄不均匀,墙纸上墙时间控制不合理。

(5) 施工过程中,赶压走向不当,往返挤压胶液次数过多,力度控制不当。

(6) 基层受油漆等材料污染,粘贴力不够。

3) 处理方法

(1) 清除墙面油污、灰尘。用腻子将表面凹凸不平处刮平整。用壁纸专用胶水贴好,刮板赶平压实,用湿毛巾将多余的胶水擦去。

(2) 用贴壁纸的胶粉,抹在卷边处,把起翘处抚平,用吹风机吹 10s 左右,再用手按实,直到粘牢,用吹风机吹到干燥即可。

(3) 如果壁纸起泡,用针在壁纸表面的气泡上扎眼,并释放出气体,用针管抽取适量的胶黏剂,注入针眼中,再用刮板压实。

(4) 如果墙纸大面积翘起来,则需要揭掉进行返工重新贴。

4) 防治措施

(1) 涂刷基膜前应将基层清理干净,不平处宜用腻子找平。

(2) 涂刷基膜前应确保腻子充分自然风干,腻子层含水率应小于 8%。

(3) 采用与胶水配套的基膜进行基层封闭处理,基膜涂刷应均匀,完全干透再贴壁纸;基膜能防止腻子粉化,并防止基层吸水。

(4) 首先排板试贴,要知道起始点,背胶应均匀涂刷,不得漏刷,一般一次宜涂刷 2～3 幅壁纸,这样能使其充分湿润、软化,壁纸刷胶后上墙时间宜控制在 5～7min。

(5) 胶液赶压由里向外,赶压次数以推平并严密合缝为宜,力度以不伤及壁纸表面光泽为宜,且力度应均匀。

(6) 接缝不能在阳角处,壁纸施工完成后,不宜直接通风干燥,宜在自然条件下阴干,避免其表面干燥过快。

5.2.2 外墙

1. 外墙外保温系统开裂、渗漏、空鼓、脱落

1) 问题描述

外墙外保温装饰面层开裂是目前施工质量的常见问题,不仅影响建筑物外观质量,且随着裂缝发展,雨水渗入,外墙装饰面层或保温层出现空鼓甚至脱落,如图 5.2.7 所示。同时外墙裂缝也是雨水渗入室内,造成内墙面发霉、脱落的主要原因。

2) 原因分析

(1) 保温板、胶黏剂、锚栓等外墙保温系统所用材料质量不合格。

(2) 保温板粘贴面积、锚栓数量不满足规范要求;对于较重的复合保温板,当通过胶黏剂和锚栓固定不足以支承保温板重量时,未加设托架。

图 5.2.7　外墙外保温系统开裂、空鼓、脱落

(3) 外墙砌体上未做保温层基层抹灰，直接将保温板粘贴在砌体上，造成保温板空鼓。

(4) 外墙外保温系统的保温板接缝处、门窗套、凸窗、雨棚、挑台及阴阳角处、外露挂件根部等部位开裂，外墙模板穿墙螺栓孔封堵不密实，引起墙体渗漏。

(5) 抹灰层未按规定加设耐碱玻璃纤维布等防开裂措施。

3) 防治措施

(1) 外墙外保温设计时，应优先采用保温与结构一体化设计方案。外墙装饰面层宜选用涂料、饰面砂浆等轻质材料，不宜粘贴饰面砖做饰面层。

(2) 设计时应根据保温材料单位面积重量，通过计算确定保温层与基层粘贴面积、锚栓规格及单位面积锚栓数量。

(3) 经计算，通过粘贴、锚栓仍不足以支撑保温材料重量时，应明确采用的托架规格、水平间距及竖向间距。

(4) 外墙需安装的设备或管道固定架、承托架应固定到基层上，严禁直接固定在面层或保温层上，固定架、承托架根部应做密封和防水设计。

(5) 外墙保温板不应直接粘贴在砌体上，应抹底灰找平后再粘贴。

(6) 外墙涂料应选用吸附力强、耐候性好、耐洗刷的弹性涂料。

(7) 严格进行规范施工。

2. 外墙大理石、花岗石破损、开裂、掉落、空鼓等

1) 问题描述

大理石、花岗岩因其独特的美观性和耐用性，成为受欢迎的装饰材料。然而，由于多种原因，可能会出现空鼓、破损的现象，如图 5.2.8 所示。

图 5.2.8　外墙石材空鼓、脱落

2）原因分析

(1) 施工时水泥浆配比不合理，基层处理不干净。

(2) 施工工艺不正确，用细钢丝固定板材，时间长后铁丝生锈断裂。

(3) 受外力撞击受损。

(4) 地基发生不均匀沉陷而引起面层开裂。

3）维修方法

(1) 对于基层为混凝土、强度高且平整的，可用强力胶直接粘贴。操作时，先将基层清理干净，将表面松动部分清除，选择好新的石材（为便于安装，规格一般要比原有的小一些），用干净抹布将石材背面擦干净，然后调配好强力胶，用刮刀均匀地涂刷在石材的背面，一块板一般涂刷5～6个点即可（四周及中间各一个点），然后将石材安装到相应的位置上，并进行临时的支撑，防止胶未发挥作用导致石材掉落。

(2) 对于基层强度不高的墙和砖墙，应按施工工艺要求进行操作。操作时，先要在新的石材边上和墙上钻孔。先用冲击电钻在墙上钻孔，孔径6mm，孔深30mm；再用3mm钻头在石材上钻孔，孔深10mm。钻孔时应向下呈15°倾角，防止灌浆后环氧树脂外流。钻孔后将孔洞内灰尘全部清除干净。然后用专用灌注枪将配制好的环氧树脂水泥浆灌入孔内，枪头应伸入孔底，慢慢向外退出。再放入锚固螺栓（螺栓杆是全螺纹型），并在一端拧上六角螺母。放入螺栓时，应先将螺栓经过化学除油处理，表面涂抹一层环氧树脂浆后，慢慢转入孔内。为了避免水泥浆外流弄脏石材表面，可用石灰堵塞洞口，待胶浆固化后再进行清理。对残留在石材表面的树脂浆，应用丙酮或二甲苯及时擦洗干净。最后在树脂浆灌注2～3d后，洞口可用108胶白水泥浆掺色封口，色浆的颜色应与花岗石的颜色相接近。

(3) 当外墙大理石、花岗石局部空鼓，面积不大时，可用冲击钻在空鼓处钻直径3mm的孔洞，然后将孔洞周围的灰尘清理干净，再用专用灌注机向空鼓处灌入配制好的环氧树脂胶或强力胶，待有多余的胶溢出时，用干净抹布擦净，最后用带相同颜色的石粉（可用原石材碾磨）加环氧树脂胶配制成的人造石填孔，待有强度后用纱布打磨上蜡即可。

任务5.3 楼地面工程常见质量问题

5.3.1 地砖铺贴后出现空鼓、脱落

1. 问题描述

地砖是常用的地面装饰材料之一，多用在客厅、卫生间、厨房的地面铺贴。地砖铺贴后可能出现空鼓、脱落的现象，如图5.3.1所示。

2. 原因分析

(1) 地砖铺贴前，未进行基层清理或基层清理不干净，导致黏合不牢出现脱落。

(2) 地砖铺贴前未用水浸泡，在铺贴过程中未进行留缝处理。

(3) 结合层砂浆含水率过高，且水泥砖黏合层砂浆中的占比过低。

图 5.3.1 地砖空鼓、脱落

3. 维修方法

(1) 灌浆处理法。适用于轻微的瓷砖边角空鼓。首先清理空鼓部位的四周缝隙,然后调配稀薄的专用水泥浆,缓慢倒入缝隙中,并用橡皮锤轻敲瓷砖以确保水泥浆充满空鼓部位。清除多余的浆料,并保持表面干燥,以免新的问题发生。

(2) 中间开孔来修补。如果瓷砖中央出现空鼓,可以通过在空鼓位置的小孔中灌注水泥浆,然后用胶水封闭小孔,并将损坏的瓷砖替换为同尺寸、同色的新瓷砖。

(3) 重新铺贴。当大面积空鼓或空鼓程度较重时,可能需要将整个区域的地砖拆除并重新铺设。在重新铺设前,应先检查基层的质量,并对基层进行处理,如清除残留的水泥砂浆,确保基层坚实。然后根据实际情况选择合适的黏合剂和方法进行铺贴。

(4) 其他特殊情况。如果空鼓的程度较轻且位于不显眼或不经常受力的位置,也可以选择不予处理。但如果空鼓影响了其他设施的安装和使用,则必须进行修复。

4. 防治措施

(1) 地砖铺贴前应对基层进行处理,确保地面基层无浮沉、起砂等情况。

(2) 由于基层干燥,在铺砂浆前先浇水湿润地面基层,并将基层地面凿毛,随即铺设结合层。

(3) 铺贴地砖前,应去除砖背面的晶粉,并将地砖浸泡后自然晾干。

(4) 使用专用的铺贴工具铺贴,用专业的检测工具检测是否空鼓。

(5) 铺贴地砖时应留缝处理,缝隙宽度为 1～2mm。大面积进行铺贴时,预留伸缩缝,伸缩缝位置在楼面结构伸缩缝位置。

(6) 地砖铺贴完成后,应进行洒水养护工作。

5.3.2 地砖排板不合理,存在小条现象

1. 问题描述

地砖铺贴由于没有排板或排板不合理,瓷砖末端收口出现小块砖,非常影响美观,如图 5.3.2 所示。

图 5.3.2 地砖排板不合理,出现小条现象

2. 原因分析

(1) 施工人员没有按照要求进行图纸测量放线、未排板深化,项目技术负责人未对排板下单图进行认真确认。

(2) 工人员的放线不到位,未对现场进行认真复核。

3. 防治措施

(1) 根据房间空间尺寸结合面砖规格进行排板,排板应美观大气,不得出现小于 1/3 的板块。

(2) 检查墙面平整度,偏差不得超过 3mm,安装瓷砖踢脚线后,需采取墙面同材质材料进行拼嵌,使踢脚线与墙面严密不露缝。

(3) 施工前,项目部要组织设计对图纸进行深化,规避小块,现场管理人员对深化的图纸进行认真审核。

(4) 现场施工人员要对放线返尺图进行放线复核,避免给到设计的放线返尺图出现尺寸错误。

5.3.3 铺贴石材泛碱

1. 问题描述

石材是建筑装饰中的常用材料,其自然色彩以及先天性建筑功能等优势深受建筑设计师的喜爱,但是在日常使用过程中,也可以观察到,部分铺装石材在安装后出现了表面色彩消失,表面光泽暗淡以及污迹等问题,出现这些问题的主要原因是石材发生“泛碱”反应,如图 5.3.3 所示。

2. 原因分析

(1) 石材未做六面防护或防护不合格,或铲除背网、切割石材时防护被破坏,或石材防护完没有充分放置、通风晾干即铺装。

(2) 天然石材结晶相对较粗,存在许多肉眼看不到的毛细管,外界材料渗入。

(3) 石材本身存在暗纹断裂,黏结材料产生含碱、盐成分物质,渗入石材。

图 5.3.3　铺贴石材泛碱

（4）铺贴石材的楼层长期产生较高温度的气体，从楼板结构向上侵蚀造成石材泛碱。

（5）铺装完成后，水分未及时挥发即结晶或覆盖。

3. 处理方法

（1）物理法。通过机械刮磨、喷砂等方法将表面受损的石材去除，然后进行修补和保护。这种方法适用于表面返碱现象较轻的石材，可以有效地除去石材表面的碱性物质，并修复石材表面的细微损伤。

（2）化学法。使用化学药剂处理石材返碱问题。常用的处理剂有碳酸铵、硅酸钙、硅酸钠等。在处理过程中，先用清水将石材表面洗净，然后将药剂涂抹在石材表面，使其与石材内部的碱性物质发生反应，生成稳定的化合物，从而达到防止返碱的目的。

（3）封孔剂法。选择适合的封孔剂对石材进行处理。封孔剂可以渗透到石材内部，堵塞石材孔隙，减小水分和碱性物质进入石材内部的可能性，从而减少石材返碱的发生。在使用封孔剂之前，需要先对石材进行表面清理和抛光，然后将封孔剂均匀地涂抹在石材表面，并充分干燥。

（4）处理保养。及时清理石材表面的污渍和污染物，保持石材表面干燥。定期对石材进行清洗和维护，以防止石材返碱的发生和加重。避免使用含碱性或酸性物质的清洁剂，以免引起石材返碱的问题。

4. 防治措施

（1）减少水的侵入，严格采取六面防护措施，铺贴过程中不得人为破坏；防护完毕充分放置、通风晾干。

（2）石材保存、运输过程中应采取有效防污染措施，以减少有害物质侵入石材。

（3）涂刷与黏结层相容的石材背胶等产品，有效阻断盐类、碱类及水的渗如，规避泛碱现象。

（4）减少黏结材料中氢氧化钙、盐类等生成物。

（5）有较高温度气体产生楼层，应在结构层做阻隔处理。

（6）石材铺贴后不能立即严密覆盖表面，先保持石材缝空畅，须待水汽挥发后进行保护，一周后再进行嵌缝及镜面打磨处理。

5.3.4 木地板表面不平整、局部翘起

1. 问题描述

木地板是常见的主材之一，它本身自然的木纹肌理以及温软柔和舒适的感受，体现十足的档次感，也有很好的装饰作用，因此，人们较多选择在卧室、书房甚至客厅铺设木地板。但是，木地板也有很大的缺陷，如果施工不当，或者使用长久会导致边缘起翘起拱的问题出现，如图5.3.4所示。

图5.3.4 木地板不平整、翘起

2. 原因分析

(1) 基层不平整。

(2) 基层、面层含水率过高，受潮变形。

(3) 施工前未弹控制线或控制线有偏差。

(4) 地板间、地板与墙面交接处未留伸缩缝或留缝不满足要求。

(5) 使用地板钉的，地板钉没有固定到位，地板凸冒。

(6) 漏水、进水浸湿地板。

(7) 地龙骨垂直于门槛石方向，端头距门槛石间距过大，造成地板与龙骨接触面小，受力不均，收口处不平整。

3. 处理方法

明确地板翘边起拱的根本原因，根据原因采取不同的处理方法。如果是基层不平整，需拆掉地板，地面处理平整，重新铺装；如果是伸缩缝预留不足，起下踢脚板，再次预留伸缩缝等。

4. 防治措施

(1) 保证基层平整，平整度误差应不大于2mm。

(2) 根据当地气候，调整基层和面层含水率；木龙骨每档应做通风小槽，保温隔声层填料须干燥；免漆地板不应开包装后马上铺设。

(3) 基层施工前应沿墙弹精确的控制线。

(4) 地板间应设0.1mm伸缩缝，地板与墙面间隙为10～12mm，收边条收口，踢脚线下留8～10mm伸缩缝。

(5) 地板钉应陷入地板侧面木材表面3mm左右。

(6) 注意日常养护，避免阳光暴晒或潮湿遇水等现象。

(7) 门槛石与地龙骨间应垫平垫实，地板铺设方向一般应垂直进户门，门口增加木龙骨加强基层。

5.3.5 水泥自流平起砂、开裂等

1. 问题描述

自流平水泥是一种常见的地面装修材料，因其施工简单、质感细腻、装饰性强等优点被广泛使用。然而，自流平水泥地面出现开裂、起砂等问题也是常见的情况，如图5.3.5所示。

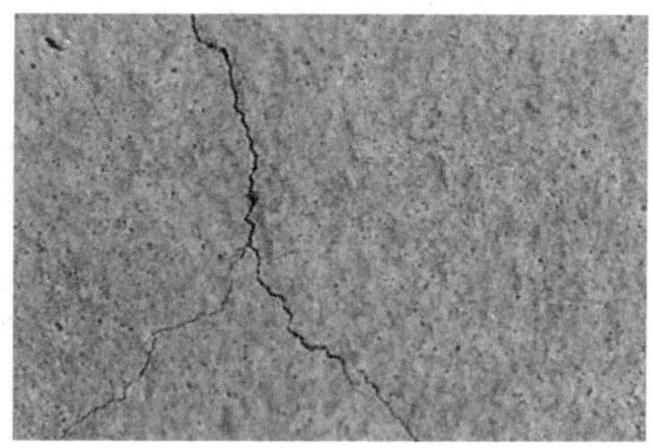

图5.3.5 水泥砂浆地面起砂、开裂

2. 原因分析

(1) 使用的材料质量不合格；施工环境温度过高或过低。

(2) 基层情况较差，有起砂、开裂、浮灰、明水等情况；材料的颜基比偏差较大，基层面产生裂缝。

(3) 基层不够干燥，气体聚集在涂膜下，涂膜面吸收其水分而使基层面凸起；或由于固化之前未清理杂质，基层与底涂层剥离，涂膜的抗张强度超过基层，底涂脱离基层。

(4) 基层界面剂处理时搅拌不均匀、涂刷厚薄不一，裂缝处未用低碱网格布加强。

(5) 水泥自流平搅拌不均匀。

3. 处理方法

自流平水泥开裂、起砂的修复需要针对具体情况进行操作，同时加强预防措施，以减少开裂、起砂等问题的发生。在施工过程中和使用过程中，需要注意各项细节，以保证自流平地面的质量和美观度。

4. 防治措施

(1) 严格把关基层处理，确保地面无油污、酥松等问题。

(2) 严格按照施工规范进行自流平水泥的搅拌、铺设和养护。

(3) 在施工过程中，注意防潮、防晒、防火等措施，以免造成不必要的损失。

(4) 在使用过程中，避免重物压迫、尖锐物品划伤等损害，以保证自流平地面的使用寿命和美观度。

5.3.6 卫生间渗漏

1. 问题描述

卫生间是接触水较多的室内空间，卫生间渗水是很多居民家里都遇到过的情况，不仅影响美观，还对楼下居民的生活造成较大影响，如图 5.3.6 所示。

图 5.3.6 卫生间渗漏

2. 原因分析

(1) 卫生间墙体为砌体结构，隔墙下部未按相关规范要求设置混凝土导墙，淋浴间、门槛石处未按要求设置止水坎。

(2) 防水层阴阳角、管根部位未按要求进行加强处理，防水层开裂失效。

(3) 地面未按相关规范要求找坡，防水层破坏后，积水蔓延。

(4) 防水层漏涂、涂刷高度不到位，或防水层厚度不够。

(5) 地漏处排水管道未切至与楼板齐平，防水层破坏后，找平层中积水。

(6) 防水施工完成后未进行保护或破坏。

3. 处理方法

(1) 判断漏水原因。先在卫生间进行闭水，观察水位变化，判断是防水层问题还是水管问题。

(2) 防水层漏水解决方案：清理原来的防水层，用堵漏材料密封细部，再涂上防水涂料，封闭地漏。

(3) 水管漏水解决方案：重新对接水管接头，密封处理，暗埋到地面里，用堵漏材料或水泥砂浆抹平，修补防水后恢复地砖。

4. 防治措施

(1) 卫生间为轻质隔墙时，隔墙下部做混凝土导墙，淋浴间、门槛石处按要求设置止水坎。

(2) 管根、阴阳角部位防水层进行加强处理。

(3) 楼地面按相关规范要求找坡,地漏处为最低点。

(4) 防水层厚度和涂刷高度满足设计要求。

(5) 地漏管切至与结构平齐。

(6) 防水施工完成后,采用封闭、警告等方式做好成品保护,防止防水层破坏。

任务 5.4 门窗工程常见质量问题

门窗工程的质量通病产生的原因有很多,其中材料质量不合格、施工工艺不规范、安装不正确是主要的原因。例如,如果使用的门窗材料质量不好,就很容易出现变形、漏水等问题。如果门窗的施工工艺不规范,就很容易出现开关不灵活、密封不严等问题。如果门窗的安装不正确,就很容易出现变形、漏水等问题。

5.4.1 铝合金门窗

1. 铝合金门窗立口不正

1) 问题描述

铝合金门窗固定后,出现门窗口向里或向外倾斜,不仅严重影响观感效果,而且影响开闭的灵活性,甚至会带来门窗渗漏水的不良后果。

2) 原因分析

(1) 操作不规范,安装铝合金门窗框时未认真吊线找直、找正。

(2) 门窗框安装时临时固定不牢靠,被碰撞倾斜后,在正式锚固前未加检验、修整。

(3) 墙上洞口本身倾斜,安装铝合金门窗框时按洞口墙厚分中,而使门窗也随之倾斜。

3) 处理方法

如铝合金门窗框倾斜较小,且不明显影响观感时,可不做处理。如倾斜过大,则应松开或锯断锚固板,将门窗框重新校正无误后再行锚固。

4) 防治措施

(1) 安装铝合金门窗框前,应根据设计要求在洞口上弹出立口的安装线,照线立口。

(2) 在铝合金门窗框正式锚固前,应检查门窗口是否垂直,如发现问题应及时修正后才能与洞口正式锚固。

2. 铝合金窗扇推拉不灵活

1) 问题描述

铝合金推拉窗在使用一段时间后可能出现推拉不灵活,甚至出现窗扇推拉不动的情况。

2) 原因分析

(1) 制作工艺粗糙,窗扇与窗框的尺寸配合欠妥,窗扇制作尺寸偏大。

(2) 铝合金窗框因温度变化或受震动而变形,导致窗扇推拉受阻。

(3) 窗扇下的滑轮制作粗糙,圆度超过允许偏差,耐久性不好。

(4) 门窗框的下坎损坏或变形,无法正常使用。

3) 处理方法

(1) 如系窗扇尺寸偏大或铝合金窗框有较大变形时,可将窗扇卸下,重新改制到适合的尺寸。

(2) 如系滑轮质量低劣,且与窗扇不配套时,可将窗扇卸下,换上配套的优质滑轮。

(3) 同时在门窗框四周与洞口墙体的缝隙间采用柔性连接,以防铝合金框受挤压变形。

(4) 对于不符合设计要求的铝型材应及时更换,以防止因铝型材过薄而产生变形。

(5) 检查窗扇框边的橡胶垫是否牢固,如有缺损,应及时补上,以防止窗扇与窗框直接碰撞产生变形。

4) 防治措施

(1) 提高制作人员的操作水平,根据窗框尺寸精确进行窗扇的下料和制作,使框、扇尺寸配合良好。

(2) 选用符合设计规定厚度的铝型材,防止因铝型材过薄而产生变形。

(3) 选用质量优良,且与窗扇配套的滑轮。

3. 铝合金推拉窗扇脱轨、坠落

1) 问题描述

铝合金推拉窗在使用过程中,常常因安装不好或使用不当(如猛推猛拉)造成滑轮脱轨,使铝合金窗扇推拉受阻,甚至会出现铝合金窗扇坠落。

2) 原因分析

(1) 铝合金推拉窗下滑轨的高度为6~8mm,而在滑轨上行走的滑轮内槽深度只有3mm,滑轮为塑料制品,质量差,槽又浅,当猛推猛拉时滑轮就容易出轨。

(2) 铝合金推拉窗上的两个走轮,没有安装在同一条直线上,如果其中有一只偏斜,走轮就容易脱轨。

(3) 推拉窗所用的铝合金型材偏小,厚度偏薄,经过多次推拉后,使紧固在窗扇上的走轮螺栓松动,走轮上浮,整个窗扇下坠,脱轨滑落。

(4) 铝合金窗扇高度不够,上滑轨镶嵌窗扇的深度不足,导致推拉窗开启时坠落或被风吹落。

3) 处理方法

(1) 如经常发生推拉窗扇脱轨,则可将窗扇卸下,对滑轮进行检查校正或更换配套的优质滑轮。

(2) 如窗扇插入窗框上滑槽的深度过浅,说明窗扇太短,可将窗扇卸下后重新改制到适合的高度。

4) 防治措施

(1) 制作铝合金推拉窗的窗扇时,应根据窗框的高度尺寸,确定窗扇的高度,既要保证窗扇能顺利安装入窗框内,又要确保窗扇在窗框上滑槽内有足够的嵌入深度。

(2) 推拉窗扇下面的滑轮,应选用优质滑轮,制作窗扇时应将两个滑轮安装在同一条直线上。

(3) 要选用厚度符合设计要求的铝型材。

(4) 应设置防脱落装置。

4. 铝合金窗渗漏水

1) 问题描述

铝合金窗渗漏水,多发生在铝合金窗框与洞口墙体间的缝隙,以及铝合金窗下滑道等处,特别是在暴风雨时,在风压作用下雨水沿铝合金的侧面和下面的窗台流入室内,严重污染墙面装修,影响了正常的使用。

2) 原因分析

(1) 铝合金窗制作和安装时,拼接缝隙不严成为渗水通道。

(2) 铝合金下框槽口内没有设溢水孔、溢水孔位置不当或溢水孔堵塞,槽内的水流不出。

(3) 窗框与洞口墙体间的缝隙因填塞不密实,缝外侧未用密封胶封严,在风压作用下,雨水沿缝隙渗入室内。

(4) 推拉窗下滑道内侧的挡水板偏低,造成雨水倒灌。

(5) 窗楣、窗台做法不当,未留鹰嘴、滴水槽和斜坡,因而出现倒坡、爬水。

(6) 玻璃胶条龟裂、短缺、脱落,造成雨水从缝隙中渗入。

(7) 型材转角或拼接搭接处虽有用防水垫片,但防水垫片规格偏小或搭接处未采用密封胶密封。

(8) 窗台阴阳角涂料开裂而导致的直接渗水。

3) 维修方法

(1) 如发现铝合金窗下雨时渗漏水,可选用优质密封胶将窗框、窗扇的榫接、铆接、滑撑、方槽、螺钉等部位封填严密。

(2) 将铝合金窗框与洞口墙体间的缝隙的外面用密封胶嵌填、封严。

(3) 在铝合金窗框下滑道挡水板上开排水孔,并留排水通道,以保证排水畅通。

(4) 将铝合金推拉窗下滑道的低边挡水板换成高边挡水板。

(5) 用质量标准高的玻璃胶条更换破损的胶条,并按要求施工。

(6) 窗台阴阳角涂料开裂的应及时用水泥腻子或胶水修补。

5.4.2 塑钢门窗

塑钢是钢和塑料两种材料的混合体,它因集钢的强度高、塑料的耐腐蚀性好于一身的优势被广泛使用。

1. 边框连接处开裂

1) 原因分析

(1) 加工时热熔不到位。

(2) 受外力撞击。

(3) 内钢胎变形引起开裂。

2) 维修方法

如果窗户开裂比较严重,建议更换整个窗户;如果只是一些细微的开裂,用塑料焊枪在开口处进行加工。

2. 滑道不严密、透气渗漏

原因与维修方法同铝合金窗。

任务 5.5 吊顶工程常见质量问题

5.5.1 轻钢龙骨石膏板吊顶

1. 龙骨线条不平直

1）问题描述

吊顶龙骨是与吊杆连接，并为面层罩面板提供安装节点，在吊顶中承上启下的构件。吊顶龙骨必须牢固、平整，常利用吊杆或吊筋螺栓调整拱度。安装龙骨时应严格按放线的水平标准线和规方线组装周边骨架。受力节点应装订严密、牢固，保证龙骨的整体刚度。龙骨的尺寸应符合设计要求，纵横拱度均匀，互相适应。吊顶龙骨严禁有硬弯，如有必须调直再进行固定。主龙骨、次龙骨纵横方向线条不平直，会影响吊顶的质量(见图 5.5.1)。

图 5.5.1 吊顶龙骨不平直

2）原因分析

(1) 主龙骨、次龙骨受扭折，虽经修整，仍不平直。

(2) 挂铅线或镀锌铁丝的射灯位置不正确，拉牵力不均匀。

(3) 未拉通线全面调整主龙骨、次龙骨的高低位置。

(4) 测吊顶的水平线有误差，中间平面起拱度不符合规定。

3）防治措施

(1) 凡是受扭折的主龙骨、次龙骨一律不宜采用。

(2) 挂铅线的钉位，应按龙骨的走向每间隔 1.2m 射一支钢钉。

(3) 拉通线，逐条调整龙骨的高低位置和线条平直。

(4) 四周墙面的水平线应测量正确，中间按平面起拱度 1/300～1/200。

2. 石膏板吊顶面层不平整

1）问题描述

吊顶面板应在自由状态下固定，防止出现弯棱、凸鼓的现象；还应在棚顶四周封闭的情况下安装固定，防止板面受潮变形。吊顶面层不平整会影响室内美观，是吊顶工程中常见的质量问题之一，如图5.5.2所示。

图5.5.2 吊顶面板不平整

2）原因分析

(1) 任意起拱，形成拱度不均匀。

(2) 吊顶周边格栅或四角不平。

(3) 外边缘的木材含水率大，变形可导致弯度。

(4) 龙骨接头不平、有硬弯，造成吊顶不平。

(5) 吊杆或吊筋间距过大，龙骨变形后产生不规则挠度。

(6) 受力节点结合不严，受力后产生位移变形。

(7) 石膏板不规则，随机弯曲，形成不同的拱形。

(8) 前期施工放线误差大。

3）防治措施

(1) 主龙骨平行于空间长边方向排布，并按长边距离的1/300～1/200起拱。

(2) 纵向安装的石膏板要比横向安装强很多，因此，在吊顶时最好保持与龙骨垂直，可以有效地预防变形、开裂。

(3) 施工环境是影响石膏板质量的重要因素，一定要避免把石膏板存放在潮湿的地方。吊顶木材应选用优质软质木材，如松木、杉木，其含水率应控制在12%以内。

(4) 吊顶内的水管、气管在封板之前进行验收。

3. 石膏板吊顶面层开裂

1）问题描述

石膏板吊顶面层开裂，如图5.5.3所示。

图 5.5.3 吊顶面层开裂

2）原因分析

（1）龙骨架不够稳定。龙骨架在完成的时候，平整度不够，结构不稳定，导致整个石膏板覆面上去的时候，在安装螺丝的作用力下石膏板自身扭曲变形贴合在龙骨上。长期应力不均衡导致最终石膏板变形开裂，从而造成表层油漆的开裂。

（2）交界处伸缩比不一致。石膏板与墙体交接的位置，通常是两种材质，尤其在通过石膏板吊顶来弱化梁的时候，对接缝的处理不够细致。而梁底和石膏板由于是两种材质，受热受冷后的伸缩比并不一致，因此，收缩不一致自然会拉裂腻子、油漆层，导致开裂。

（3）接缝处工艺处理不得当。石膏板与石膏板之间的拼接处处理不好，板与板之间未留缝或留缝未错缝。

（4）人为地踩坏或灯具、风口等使板面受力。

（5）吊顶面积大或吊顶过长未留施工缝。

（6）龙骨架与墙体四周连接不牢。

3）防治措施

（1）选用合适的施工材料。应选用大厂家生产的质量较好的石膏板，强度高，韧性好，发泡均匀，边部成型饱满，从材料上解决裂缝问题。

（2）龙骨安装牢固平整。打好龙骨的基础，石膏板受力均匀，不容易产生形变导致开裂。

（3）安装施工要规范。石膏板接口处需装横撑龙骨，不允许接口处板悬空。如不能避免横向接缝，应错位设缝，隔墙的板横向接缝位置应错开，不能落在同一根龙骨上。石膏板的强度性能与变形是依方向而定的，板纵向的各项性能要比横向优越，因此，吊顶时不允许将石膏板的纵向与覆面龙骨平行，应与龙骨垂直。

（4）成品保护工作要到位。为避免石膏板吊顶由于振动而出现裂缝的现象，需保证灯具及风口的开孔位置不在龙骨位置上，减少因灯具开孔需切割龙骨所引起的天花振动而出现拼板裂缝的现象。

5.5.2 金属板吊顶

1. 拼板处不平整，接缝明显或不顺直

1）问题描述

金属板吊顶常出现拼板处不平整，接缝明显或不顺直的现象，影响吊顶的美观，如图 5.5.4 所示。

图 5.5.4 铝板吊顶不平

2）原因分析

（1）水平线控制不好：一是放线时控制不好、不准；二是龙骨未调平，安装施工时又控制不好。

（2）安装铝合金板的方法不妥。

（3）轻质板条吊顶，在龙骨上直接悬吊重物，承受不住而发生局部变形。

（4）吊杆不牢，引起局部下沉。因吊杆本身固定不妥，自行松动或脱落，或吊杆不直，受力后拉直不平。

（5）板条自身变形，未加矫正而安装，产生吊顶不平。

3）防治措施

（1）对于吊顶四周的标高线，应准确地弹到墙上，其误差不能大于±5mm。如果跨度较大，还应在中间适当位置加设控制点。

（2）待龙骨调直调平后方能安装板条，否则，平整度难于控制，特别是当板较薄时，刚度差，受到不均匀的外力，哪怕是很小的力，极易产生变形。一旦变形又较难在吊顶面上调整，只能取下调整。

（3）应同设备配合考虑。不能直接悬吊的设备，应另设吊杆，直接与结构顶板固定。

（4）如果采用膨胀螺栓固定吊杆，应做好隐检记录。

（5）安装前要先检查板条平、直情况，发现不符合标准者，应进行调整。

2. 吊顶边缘收口易翘曲漏缝

1）问题描述

吊顶出现收口不严密、漏缝现象，影响观感和验收，如图 5.5.5 所示。

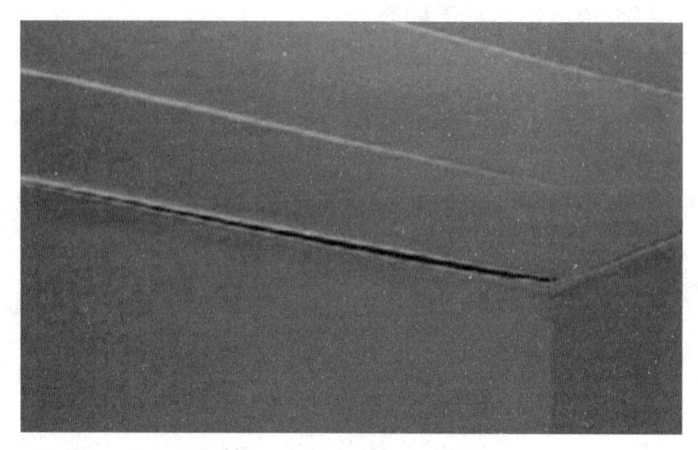

图 5.5.5 吊顶收口不严密、漏缝

2）原因分析

(1) 铝扣板吊顶边缘收口易翘曲漏缝。

(2) 安装灯具易导致铝扣板凹凸不平。

(3) 放线时顶面水平未控制好。

3）防治措施

(1) 在边缘铝扣板背面粘一个稍有重量的木方或者其他东西。

(2) 放线时顶面水平标高要控制好。

(3) 安装灯具时应尽量小心，避免破坏顶面平整度。

实操任务

房屋使用过程中常见质量问题的识别与处理任务单

<table>
<tr><td>专业班组</td><td></td><td>组长</td><td></td><td>日期</td><td></td></tr>
<tr><td>任务目标</td><td colspan="5">能识别房屋使用过程中常见质量问题，并能进行维修责任界定；增强学习者服务与质量意识、与业主沟通能力</td></tr>
<tr><td>工作任务</td><td colspan="5">模拟房屋质量缺陷查验与处理</td></tr>
<tr><td>任务要求</td><td colspan="5">1. 房屋质量问题查验：选取学校建筑物，查验房屋质量缺陷，重点查验墙面、地面、门窗、顶棚等部位。对于查找到的质量缺陷拍照留存，分类整理成 Word，可以按质量问题类型，也可以按楼栋分类整理
2. 模拟房屋质量缺陷处理
(1) 角色选用(可涉及三方，也可只涉及两方)
甲方：房地产开发商
乙方：物业服务公司</td></tr>
</table>

续表

<table>
<tr><td>任务要求</td><td colspan="2">丙方:业主(可多选)
(2) 事因:结合自己查找到的质量缺陷,自己任意拟订剧情
例如:
背景介绍:幸福小区业主李女士于 2017 年 1 月买了一套精装商品房,于 2018 年 3 月交付办理入住手续。2019 年 7 月,李女士发现卧室木地板松动,卫生间外墙窗框处渗水。于是,李女士先后找到开发商与物业服务企业,要求维修
剧情介绍:
(事情谈判协商的具体经过)
经过多次协商沟通后,大家握手言和
(3) 冷静思考
① 该质量缺陷是否成立,质量标准应是怎样?维修责任如何界定?质量缺陷的原因可能是什么?如何维修?
② 与业主沟通,应注意哪些技巧或服务礼仪?
③ 销售员或者物业服务企业人员接到业主质量投诉问题后如何处理?
(4) 成果要求
① 设计剧情,制作 PPT,下次课上分组演练,每组演练时间 5～10min;要求人物丰满,情境符合实际,设计巧妙,构思完整,内容翔实;
② PPT 内容需包括背景介绍、剧情介绍。剧情介绍部分需呈现质量缺陷描述,维修责任界定、简单的原因分析及维修方法介绍,并辅以图片说明,可以有两个及以上的质量问题</td></tr>
<tr><td rowspan="6">任务评价</td><td>评 价 标 准</td><td>分值(满分 100 分)</td></tr>
<tr><td>PPT 制作精美,内容完整规范,逻辑清晰</td><td>20</td></tr>
<tr><td>人物丰满,设计巧妙,构思完整</td><td>20</td></tr>
<tr><td>声音洪亮、表演生动真实</td><td>20</td></tr>
<tr><td>内容翔实;质量缺陷描述、维修责任界定等合理</td><td>20</td></tr>
<tr><td>小组成员团结协作度高</td><td>20</td></tr>
</table>

思考练习

1. 2019 年,林先生在某小区购买了一套精装修商品房,2020 年 6 月交付,2021 年 1 月,林先生一家开心地搬进了新房子居住。刚入住的时候没什么问题,但半年后,开始出现屋顶渗水、墙面装饰层空鼓开裂等问题,让林先生很是恼火。林先生随即与之前的销售员联系,但销售员称已交房,开发商不承担维修责任。

请问:林先生家房屋质量问题该由谁承担维修责任?为什么?

2. 王某是某住宅小区 601 室业主。一天夜里下暴雨,王某发现雨水从楼上渗漏到了他的家中,床垫、地板等物品都不同程度地被水浸湿,看着刚装修好的房间被弄得一塌糊涂,很恼火。于是,王某沿着渗漏水一路查上去,最终发现是楼顶的排水管道被一只塑料瓶堵住,致使雨水不能从管道排出,沿着屋面缝隙从上而下流入了他家。王某找到物业服务公司要求赔偿,物业服务公司的客服人员张某接待了他,并解释说是自然原因造成了这起事件，物业服务公司不应该进行赔偿。双方争执不下，甚至动起手来。回家后，王某越想越生气，直接打电话投诉到物业服务公司总部，要求张某必须上门向他道歉，并要求物业服务公司赔偿其经济损失。

请问：物业服务公司是否应该赔偿王某家的经济损失？请说明理由。

要点小结

本学习情境主要包括房屋质量问题基础知识、墙面工程常见质量问题、楼地面工程常见质量问题、门窗工程常见质量问题、吊顶工程常见质量问题 5 部分内容。旨在帮助学习者掌握房屋质量要求、保修期限等知识，并能识别与描述房屋在使用中常出现质量问题。

学习情景 5
思考练习题答案

参考文献

[1] 申淑荣. 建筑工程概论[M]. 2 版. 北京:北京大学出版社,2022.

[2] 魏松. 建筑构造与识图[M]. 北京:清华大学出版社,2023.

[3] 黄爱清. 建筑工程基础[M]. 北京:中国建筑工业出版社,2011.

[4] 薛忠泉,杨洁,陈晨. 建筑工程概论[M]. 武汉:华中科技大学出版社,2021.

[5] 董淑云. 建筑工程基础[M]. 北京:北京出版社,济南:山东科学技术出版社,2016.

[6] 中国建筑股份有限公司,中国建筑第七工程局有限公司. 住宅工程常见质量问题防治手册[M]. 北京:中国建筑工业出版社,2023.

[7] 李颖,林巧琴. 建筑识图与构造[M]. 北京:清华大学出版社,2019.